数学软件及应用

高德宝　野金花　张彩霞　主编

国防工业出版社

·北京·

内容简介

本书是基于最新版本的 MATLAB 2014A、LINGO12 和 IBM SPSS 20.0 编写的,全书分为三篇,总计十八章,由浅入深地介绍了这三个软件的基础入门和部分功能应用。第一章到第五章介绍了如何利用 MATLAB 软件绘制图形、程序设计和计算应用高等数学问题等;第七章至第十一章讲解了如何利用 LINGO 软件求解各种运筹学模型;第十二章至第十八章描述了 SPSS 的一些统计分析功能,例如相关分析、均值比较、方差分析和聚类分析等。

本书可作为高等院校的应用数学、信息与计算科学、金融数学或统计学专业的数学软件教材或参考书,也可作为其他非数学专业师生的参考资料。

图书在版编目(CIP)数据

数学软件及应用/高德宝,野金花,张彩霞主编. —北京:国防工业出版社,2017.4 重印
ISBN 978 – 7 – 118 – 10557 – 5

Ⅰ.①数... Ⅱ.①高...②野...③张... Ⅲ.①数学 – 应用软件 Ⅳ.①O245

中国版本图书馆 CIP 数据核字(2015)第 273142 号

※

国防工业出版社出版发行
(北京市海淀区紫竹院南路23号 邮政编码100048)
涿中印刷厂印刷
新华书店经售

*

开本 787×1092 1/16 印张 15¼ 字数 350 千字
2017 年 4 月第 1 版第 2 次印刷 印数 3001—5000 册 定价 35.00 元

(本书如有印装错误,我社负责调换)

国防书店:(010)88540777　　　　发行邮购:(010)88540776
发行传真:(010)88540755　　　　发行业务:(010)88540717

数学软件即处理数学问题的应用软件。它为计算机解决现代科学技术各领域中所提出的数学问题提供求解工具。数学软件及应用是数学理论与实践应用的一条重要纽带,它是一门理论联系实际较为活跃的软件学科之一。多数应用数学的理论都比较繁琐或难于理解,即使数学专业的本科生也难以将多数的应用理论理解透彻,甚至难以达到应用实践的程度。而像 LINGO 与 SPSS 这样的数学软件,不需要过多的求解理论与过程就能解决问题。学习这门课程,对于培养学生的应用数学能力、提高数学素养,使学生更好地适应将来所从事的工作。

考虑到研究性教学与案例性教学在高校的普及与推广和本科学生的实际水平需求,本书囊括了 MATLAB、LINGO、SPSS 三个数学软件的基础入门知识和一些实践应用,它们分别是科学计算、运筹学和统计分析三个领域的权威软件。在保证教材内容体系完整的基础上,尽可能地减少了课程内容,降低了授课难度,使得学生自主学习即可以领悟大部分内容,有教师讲解或辅导时能更好地理解全部内容。

本教材是黑龙江八一农垦大学的立项教材,由黑龙江八一农垦大学理学院有多年教学经验的教师共同编写。编写分工情况是:第一章至第五章由张彩霞编写;第六章至第十一章由高德宝编写;第十二章至第十八章由野金花编写。全书由高德宝统稿。

参加编写本书和审稿的老师为本书的出版付出了很多宝贵的时间与艰辛的努力,尽管如此,本书难免还会存在错误或不妥之处,希望广大读者批评指正。

编 者
2015 年 5 月

第一篇　MATLAB 2014 基础

第一章　MATLAB 概述 /2
1.1　MATLAB 的功能简介 / 2
1.2　MATLAB 的界面 / 2
1.3　MATLAB 的帮助系统 / 3
　　1.3.1　文档帮助 / 3
　　1.3.2　演示帮助 / 4
　　1.3.3　命令帮助 / 4
1.4　MATLAB 的操作基础 / 6
　　1.4.1　常量与变量 / 6
　　1.4.2　数据类型 / 9
　　1.4.3　数值数据显示格式的设置 / 14
　　1.4.4　运算符与运算 / 15
　　1.4.5　常用的数学函数 / 19

第二章　数值计算与符号计算 / 23
2.1　矩阵分析 / 23
2.2　多项式的运算 / 32
2.3　符号计算 / 34
2.4　符号方程求解 / 37
　　2.4.1　代数方程求解 / 38
　　2.4.2　常微分方程求解 / 39
2.5　概率与数字特征的计算 / 40

第三章　MATLAB 绘图功能基础 / 44
3.1　二维图形 / 44
3.2　三维图形 / 48

第四章　MATLAB 程序设计基础 / 56

4.1　MATLAB 程序设计结构 / 56
  4.1.1　顺序结构 / 56
  4.1.2　条件选择结构 / 58
  4.1.3　循环结构 / 61
  4.1.4　错误控制结构 / 64
4.2　层次分析法 / 65
4.3　数据的输入/输出 / 68

第五章　Notebook 的应用 / 71

5.1　Notebook 的启动与菜单命令 / 71
5.2　Notebook 的使用 / 73
参考文献 / 76

第二篇　运筹学案例的 LINGO 软件求解

第六章　LINGO 软件的使用简介 / 78

6.1　LINGO 软件的基本使用方法 / 78
6.2　LINGO 软件基本用法的注意事项 / 83
  6.2.1　在建立模型时需注意的几方面问题 / 83
  6.2.2　在程序编写时需注意的问题 / 84
6.3　用 LINGO 建模语言求解数学优化模型 / 84
  6.3.1　集合定义段 / 87
  6.3.2　数据输入段 / 90
  6.3.3　初始化段 / 91
  6.3.4　程序计算段 / 91
  6.3.5　目标约束段 / 95
6.4　LINGO 软件与其他软件交换数据 / 96
  6.4.1　通过文本文件输入数据 / 98
  6.4.2　通过 Excel 文件输入数据 / 99

第七章　线性规划与目标规划案例的 LINGO 求解 / 101

7.1　线性规划案例求解 / 101
7.2　目标规划案例求解 / 108

第八章　运输问题模型的 LINGO 求解 / 115

8.1　产销平衡的运输问题 / 115

8.2 产销不平衡的运输问题 / 118

8.3 转运问题 / 121

第九章 整数规划模型的 LINGO 求解 / 127

9.1 整数规划问题 / 127

9.2 0-1 规划问题 / 134

第十章 非线性规划模型的 LINGO 求解 / 141

第十一章 图与网络优化模型的 LINGO 求解 / 146

11.1 最短路问题 / 146

11.2 TSP 问题 / 149

11.3 最大流问题 / 151

11.4 最小费用流问题 / 153

11.5 最小生成树问题 / 155

参考文献 / 158

第三篇 统计分析软件 SPSS 初步

第十二章 SPSS 概述 / 160

12.1 SPSS 的功能 / 160

12.2 SPSS 的启动界面 / 160

12.3 SPSS 20.0 的帮助系统 / 162

 12.3.1 联机帮助 / 162

 12.3.2 帮助教程 / 162

 12.3.3 个案研究 / 163

 12.3.4 统计辅导 / 163

第十三章 数据文件的建立与管理 / 165

13.1 数据文件的建立与读取 / 165

 13.1.1 数据文件的结构 / 165

 13.1.2 数据的录入 / 167

 13.1.3 从 txt 文件读取数据 / 168

 13.1.4 从 Excel 文件读取数据 / 171

 13.1.5 保存数据文件 / 172

13.2 数据文件的编辑 / 173

 13.2.1 插入、删除变量或个案 / 173

 13.2.2 根据已有变量建立新变量 / 173

13.2.3 个案选择 / 175
13.2.4 数据的定位 / 177
13.2.5 个案加权 / 178
13.2.6 数据标准化 / 178
13.2.7 对个案内的值计数 / 179
13.2.8 数据转置 / 181

13.3 数据文件的整理 / 181
13.3.1 个案排序 / 181
13.3.2 个案排秩 / 182
13.3.3 合并文件 / 183
13.3.4 拆分文件 / 186

第十四章 数据的描述性分析 / 188

14.1 描述性统计 / 188
14.2 频率分析 / 190
14.3 探索分析 / 193

第十五章 统计绘图 / 197

15.1 条形图 / 197
15.1.1 简单条形图 / 198
15.1.2 复式条形图 / 199
15.1.3 堆积面积图 / 200

15.2 3D 条形图 / 201

15.3 线图 / 203
15.3.1 简单线图 / 203
15.3.2 多线线图 / 204
15.3.3 垂直线图 / 205

15.4 饼图 / 206

第十六章 回归分析与相关分析 / 208

16.1 线性回归分析 / 208
16.2 曲线估计 / 213
16.3 相关分析 / 217

第十七章 均值比较与方差分析 / 221

17.1 均值比较 / 221
17.1.1 单样本 t 检验 / 221
17.1.2 两独立样本 t 检验 / 222

17.1.3　两配对样本 t 检验 / 224
17.2　方差分析 / 225
　　17.2.1　单因素方差分析 / 225
　　17.2.2　双因素方差分析 / 227

第十八章　聚类分析 / 229

参考文献 / 235

第一篇
MATLAB 2014 基础

　　MATLAB 是英文"Matrix Laboratory"的缩写,中文意思为"矩阵实验"。MATLAB 于 20 世纪 70 年代诞生,经过 40 多年的发展与完善,它已成为一种高效的科学计算语言体系。现今,MATLAB 已成为国际公认的标准计算软件并且被广泛地应用于科学计算、数据分析、算法开发、工程绘图和仿真等很多不同的领域。

　　本篇以 Windows 操作系统下的 MATLAB R2014a 为蓝本,基于相关的数学知识和受于篇幅限制,仅对 MATLAB 的一些基础知识进行简单介绍。

第一章　MATLAB 概述

1.1　MATLAB 的功能简介

MATLAB 的功能十分丰富而强大,在数学领域且使用频率较高的功能主要有以下几个方面。

1. 数值计算和符号计算功能

MATLAB 的基本数据单位是矩阵。MATLAB 的指令与表达式接近于书写形式,这使得矩阵运算变得非常简洁、方便与高效。当然,数据的加、减、乘、除以及数学函数的运算均是特殊的矩阵运算。MATLAB 本身有超过 500 种数学、统计、科学及工程领域的函数,用户可随意调用。

MATLAB 的符号计算功能是通过调用 MATLAB 的符号工具箱实现的,它可以解决在高等应用数学和工程计算领域中经常遇到的符号计算问题。

2. 智能化的绘图功能

MATLAB 具有强大的图形绘制功能。它可以在多种坐标系下绘制二维曲线、三维曲线或三维曲面。另外,它可使工程计算的结果可视化,使原始数据的关系更加清晰明了。它还能够利用图形或动画直观、形象地描述或演示数据的动态变化过程。

3. 高效的程序设计语言体系

MATLAB 的程序设计系统是一个人—机界面友好、编程效率高的高级语言体系。它的命令表达方式简单易懂。这个程序设计语言体系包括程序控制语句、函数调用、数据结构、输入输出和面向对象编程等结构。

4. 文字处理功能

Notebook 是 MATLAB 提供的同时具有 Word 文字处理功能和 MATLAB 本身一些功能的工作环境,在这个工作环境中可以进行文字处理、数值计算、绘制图形和工程设计等。

5. 功能丰富的工具箱

MATLAB 的功能包括基本功能和工具箱功能两大部分。MATLAB 有 30 多个工具箱,它们在各自所属的学科领域具有专门的功能。另外,工具箱具有良好的可扩展性,它可以被任意增减。

1.2　MATLAB 的界面

在 Windows 操作系统下有两种常见的启动 MATLAB 软件的方法。

(1) 单击 Windows 开始菜单,依次选择"所有程序→MATLAB R2014a"或"所有程序

"→MATLAB→R2014a→MATLAB R2014a"即可启动 MATLAB 软件。

（2）如果用户在桌面上建立了快捷方式,也可双击快捷方式启动 MATLAB 软件。

当启动 MATLAB 时,会弹出如图 1-1 所示的 MATLAB 系统默认的启动界面。利用"界面转换栏"可以在"主页""绘图"和"应用程序"3 个界面之间相互转换。在"主页"这个界面主要有 3 个窗口:当前工作夹、工作区和命令行窗口。"当前工作夹"是指 MAT-LAB 当前所访问的文件所在的文件夹。在"工作区"中可以浏览用户已经创建的或已经导入的数据。在"命令行窗口"中的命令行提示符">>"之后,用户可以输入创建变量命令或调用函数命令的程序代码。其余两个界面的布局与"主页"界面的布局基本一致。

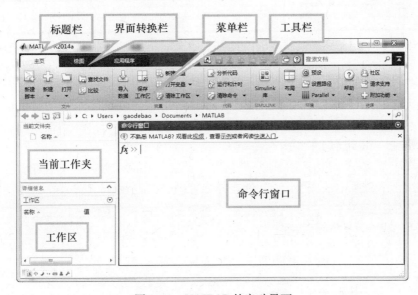

图 1-1 MATLAB 的启动界面

1.3 MATLAB 的帮助系统

MATLAB 本身自带一个比较完备和十分友善的帮助系统。这个系统包括文档帮助、演示帮助和命令帮助等,无论是初学者还是高级用户都可以从这些帮助中更快捷、准确地了解与掌握 MATLAB 的各种使用方法。

 1.3.1 文档帮助

单击图 1-1 启动界面工具栏中的"❓"按钮或在"帮助"下拉单中选择"文档",就会弹出如图 1-2 所示的"文档帮助"窗口。

在"文档帮助"窗口中的"搜索文档"框内输入关键词进行查询,即可获得相关信息。

在"文档帮助"窗口中的所有帮助目录都是一级目录,单击这些目录会有下一级的目录弹出,依次进行下去就会得到具体的帮助信息。

图 1-2 "文档帮助"窗口

1.3.2 演示帮助

在"帮助"下拉单中选择"示例",就会弹出如图 1-3 所示的"演示帮助"窗口。

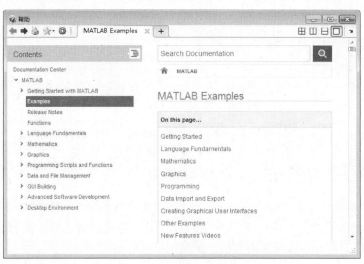

图 1-3 "演示帮助"窗口

单击左侧目录的"Examples",在右侧的目录中单击相应的目录就会转到一些能演示的案例,然后选择其中一个就能进行动画播放演示。

1.3.3 命令帮助

命令帮助是指在命令行窗口中输入帮助命令来获取相关函数或软件信息的帮助。这些帮助命令主要有 help、lookfor 和 help funname。

1. help 命令

help 是最常用的帮助命令。在命令行提示符后输入 help 后回车,将会显示当前帮助系统中所包含的所有项目以及搜索路径中所有的目录名称。例如:

```
>> help
```
帮助主题:

```
matlabhdlcoder\matlabhdlcoder  - (没有目录文件)
matlab\testframework           - (没有目录文件)
matlabxl\matlabxl              - MATLAB Builder EX
matlab\demos                   - Examples.
matlab\graph2d                 - Two dimensional graphs.
matlab\graph3d                 - Three dimensional graphs.
matlab\graphics                - Handle Graphics.
matlab\plottools               - Graphical plot editing tools
matlab\scribe                  - Annotation and Plot Editing.
matlab\specgraph               - Specialized graphs.
matlab\uitools                 - Graphical user interface components and tools
toolbox\local                  - General preferences and configuration infor-
                                 mation.
matlab\optimfun                - Optimization and root finding.
matlab\codetools               - Commands for creating and debugging code
matlab\datafun                 - Data analysis and Fourier transforms.
       ...                              ...
build\xpcblocks                - (没有目录文件)
build\xpcobsolete              - (没有目录文件)
xpc\xpcdemos                   - (没有目录文件)
```

注:省略号是由作者所加,为节省篇幅而略掉大部分内容。以下的省略号内容相同,不再叙述。

2. lookfor 命令

当用户希望查找某个函数的功能,但不知道其准确名称而仅知道关键词时,可以用 lookfor 命令进行查找。例如查找三角余弦函数的用法如下:

```
>> lookfor cos
acos      - Inverse cosine, result in radians.
acosd     - Inverse cosine, result in degrees.
acosh     - Inverse hyperbolic cosine.
acsc      - Inverse cosecant, result in radian.
acscd     - Inverse cosecant, result in degrees.
acsch     - Inverse hyperbolic cosecant.
cos       - Cosine of argument in radians.
   ...             ...
slsincos  - This is a private mask helper file for sine and co-
            sine blocks in
   ...             ...
```

```
enginetradeoff_cost       - Compute controller cost based on sensor accuracy, ac-
                            tuator response, and
enginetradeoff_demopad    - Engine Design and Cost Tradeoffs
sdorectifier_cost         -
```

3. help funname 命令

如果用户知道函数的确切名称,这时可以用 help funname 命令查找函数的具体用法。使用示例如下:

```
>> help cos
cos - Cosine of argument in radians

    This MATLAB function returns the cosine for each element of X.

    Y = cos(X)
```

cos 的参考页

另请参阅 acos, acosd, cosd, cosh

名为 cos 的其他函数
fixedpoint/cos, symbolic/cos

1.4 MATLAB 的操作基础

本节主要介绍 MATLAB 的常量与变量、数据类型、数值的输出格式、运算符与运算、字符串的处理等,是应用 MATLAB 软件的基础。

注: MATLAB 的程序语句与命令必须在英文状态下输入,解释说明内容除外。

1.4.1 常量与变量

1. 常量

MATLAB 软件本身固有一些常量,这些常量的表示符号及其功能描述如表 1-1 所示。

表 1-1 常量符号及其功能描述

常量符号	功能描述
j 或 i	虚数单位,即 $i^2 = j^2 = -1$
pi	圆周率 $\pi = 3.1415926\cdots$
eps	浮点数的相对误差 $eps = 2.2204 \times 10^{-16}$
INF 或 inf	无穷大,包括 $+\infty$, $-\infty$
realmax	机器能处理的最大正实数
realmin	机器能处理的最小正实数
NaN 或 nan	不确定的值,包括 $0/0$, ∞/∞

其中:eps 为计算机的浮点运算精度,当某个数的绝对值小于 eps 时,机器认为这个数是 0。

当在 MATLAB 中输入 eps、pi、realmax、realmin 时就会获得这些常数的数值,例如:

```
>> eps
ans =
    2.2204e-16
>> pi
ans =
    3.1416
>> realmin
ans =
    2.2251e-308
>> realmax
ans =
    1.7977e+308
```

其中:$2.2204e-16$ 即 2.2204×10^{-16},其他类似;ans 是最新计算结果的赋值变量。

2. 变量

变量是在程序运行过程中其值可以改变的量,变量由变量名来表示。在 MATLAB 中变量名的命名有自己的规则,可以归纳成如下几条。

(1) 变量名必须以字母开头,且只能由英文字母、数字或者下画线等 3 类符号组成。

(2) 变量名区分字母的大小写。

(3) 变量名不能超过 63 个字符。

(4) 关键字不能作为变量名。

MATLAB 有 20 个系统关键字,它们分别是 break、case、catch、classdef、continue、else、elseif、end、for、funtion、global、if、otherwise、parfor、persistent、return、spmd、switch、try 和 while。

(5) 最好不要用表 1-1 中的特殊常量符号做变量名。

另外,在 MATLAB 的工作空间中,还驻留了几个由系统本身定义的变量,称为预定义变量。常见的预定义变量及其功能描述如表 1-2 所示。

表 1-2 常见预定义变量及其功能描述

预定义变量	功能描述
ans	最新计算结果的赋值变量
nargin	函数输入参数个数
nargout	函数输出参数个数
lasteer	存放最新的错误信息
lastwarn	存放最新的警告信息

当然,预定义变量符号最好也不要作为其他用途的变量名。

变量按其使用的有效范围可分为局部变量、全局变量和永久变量。

局部变量是在函数中定义的变量,仅在函数空间中有效。当调用函数时,这些局部变量会被分配给存储空间。当函数调用结束时,这些局部变量就会被删除。局部变量不必特别定义,只要给出变量名,MATLAB 会自动建立。

全局变量是在 MATLAB 的全部工作空间中有效的变量,它可以为几个函数提供共享变量。当在一个工作空间内改变该变量的值时,该变量在其他工作空间内的值也会改变。定义全局变量时需用 global 命令。

永久变量只允许定义它的函数存取。当定义它的函数退出时，MATLAB 不会从内存中将其清除，下次调用该函数时，将使用永久变量被保留的当前值。只有退出 MATLAB 或清除定义它的函数时，永久变量才能从内存中被清除。定义永久变量时需用 persistent 命令。

变量的赋值语句有两种格式：

（1）变量 = 表达式。

（2）表达式。

若表达式后面有英文符号";"，则不显示变量及其值，否则显示。

例 1 局部变量与全局变量的定义与赋值举例。

```
>>clear all; % 清除用户原先定义的变量
>> a = 3;% 定义局部变量并赋值
>> b = 4
b =
    4
>> a + b;
>> a + b
ans =
    7
>> if = 4   % 当用关键字作为变量符号时，系统会给出错误信息
if = 4
   |
```

错误：等号左侧的表达式不是用于赋值的有效目标。

```
>> global MAXB MINB    % 定义两个全局变量，中间用空格隔开
>> MAXB = 3.14;
>> MINB = 2.71827;
>> who% 查看内存变量列表
```
您的变量为：

MAXB   MINB   a   b

```
>> whos% 查看内存变量的详细信息
```

Name	Size	Bytes	Class	Attributes
MAXB	1x1	8	double	global
MINB	1x1	8	double	global
a	1x1	8	double	
b	1x1	8	double	

其中：语句"clear all;"是清除内存中的所有内存变量，同时恢复固有常量的值；"a = 3;"表示给变量"a"赋值"3"；其余的语句类同。由于永久变量只能在函数中定义，这里无法举例，但其定义方法与全局变量的定义方式类似。

MATLAB 是以矩阵为基本运算单元的，即便是实数，MATLAB 也是将其视作 1×1 矩阵，而数组被视作 $1 \times n$ 矩阵。

例 2 数组与矩阵的赋值举例。

```
>> clear
>> ar = [1,3,4,6]
```

```
ar =
    1    3    4    6
>> arr = [1 3 4 6]
arr =
    1    3    4    6
>>  ba = [1 2 3 4;5 6 7 8;9 10 11 12]
ba =
    1    2    3    4
    5    6    7    8
    9   10   11   12
>> em = []
em =
    []
>> cd = [7 8 9;3 4 5];
>> whos
  Name    Size          Bytes  Class     Attributes
  ar      1x4              32  double
  arr     1x4              32  double
  ba      3x4              96  double
  cd      2x3              48  double
  em      0x0               0  double
```

注：数组或矩阵的全部元素需放在中括号内部，元素与元素之间用逗号或空格分开，而行与行之间用分号分开。

 1.4.2 数据类型

MATLAB 的数据类型主要有数值型、逻辑型、字符串型、单元数组型、结构体型和函数句柄型，这些数据类型的转换函数如表 1-3 所示，其中 int8、uint8 分别是八进制有符号整数与八进制无符号整数的转换函数，其余的解释类似。由于受篇幅限制，这里仅叙述数值型、逻辑型与字符串型的数据。

表 1-3 MATLAB 数据类型

数据类型		转换函数
数值型	有符号整型	int8、int16、int32、int64
	无符号整型	uint8、uint16、uint32、uint64
	单精度浮点型	single
	双精度浮点型	double
逻辑型		logical
字符串型		char
单元数组型		cell
结构体型		struct
函数句柄型		function_handle

1. 数值型数据

数值型数据包括整数(带符号和无符号)和浮点数(单精度和双精度)。整数包括有符号整数(int)与无符号整数(uint),有符号整数就是负整数,无符号整数就是正整数。MATLAB 默认的数值类型为双精度(double)浮点型,与单精度(single)浮点型不同的是前者需要 64 位存储空间,而后者需要 32 位存储空间,从而导致两者在数值表示的精确度与优越性方面有很大差别。

例3 不同数值之间转换的 MATLAB 程序实现。

```
>> clear
>> a = 345;
>> a8 = int8(a)
a8 =
   127
>> a16 = int16(a)
a16 =
   345
>> a32 = int32(a)
a32 =
     345
>> a64 = int64(a)
a64 =
       345
>> au32 = uint32(a)
au32 =
     345
>> b = 457
b =
   457
>> bd = double(b)
bd =
   457
>> ce = single(b)
ce =
   457
>> whos
  Name      Size            Bytes  Class     Attributes
  a         1x1                 8  double
  a16       1x1                 2  int16
  a32       1x1                 4  int32
  a64       1x1                 8  int64
  a8        1x1                 1  int8
  au32      1x1                 4  uint32
  b         1x1                 8  double
```

```
bd        1x1              8  double
ce        1x1              4  single
```

2. 逻辑型数据

在 MATLAB 中,以数值 1(非零)表示"真",以数值 0 表示"假"。逻辑函数有 3 个,即 true、false 和 logical。这三个函数的功能描述如表 1-4 所示。

表 1-4 逻辑函数的功能描述

函数名称	功能描述	函数名称	功能描述	函数名称	功能描述
true	函数值返回 1	false	函数值返回 0	logical	将数值转成逻辑值

例 4 逻辑函数的使用。

```
>> a = true
a =
    1
>> b = false
b =
    0
>> c = logical(4)
c =
    1
>> c = logical(0)
c =
    0
>> true(2,3)
ans =
    1  1  1
    1  1  1
>> false(3,4)
ans =
    0  0  0  0
    0  0  0  0
    0  0  0  0
>> logical([1,2,4,0,0])
ans =
    1  1  1  0  0
```

3. 字符串型数据

在 MATLAB 中,对文字或符号进行操作时,需用到字符串型数据。处理字符串时首先要解决的问题是如何创建字符串或是将其他数据转换为字符串,再次是实现对字符串的操作。

字符串的创建非常简单,只需要用英文状态下的两个单引号将需要设定的字符串引起来即可。

例5 创建字符串。

```
>> A = 'Hello, MATLAB'    % 创建字符串变量A,并对其赋值为 Hello, MATLAB
A =
Hello, MATLAB
>> B = blanks(7)          % 创建具有7个字符的空字符串变量B
B =
>> whos
  Name      Size            Bytes  Class     Attributes
  A         1x13               26  char
  B         1x7                14  char
```

MATLAB 还有一些字符串转换函数,如表1-5所示。

表1-5 字符串转换函数及其功能描述

函数名称	功能描述	函数名称	功能描述
setstr	将 ASCII 码转换成字符	mat2str	将矩阵或数组转换成字符串
int2str	将整数转换成字符串	num2str	将数值转换成字符串
str2num	将字符串转换成数值	double	将字符串转换成 ASCII 码
blanks	产生空的字符串	char	将 ASCII 码以字符串显示

例6 将其他数据转换成字符串。

```
>> clear
>>  cha = 'I am a student';
>> AS = double(cha)
AS =
  Columns 1 through 11
    73    32    97   109    32    97    32   115   116   117   100
  Columns 12 through 14
   101   110   116
>> setstr(AS)
ans =
I am a student
>> char(AS)
ans =
I am a student
>> num2str(7.8345)
ans =
7.8345
>> str2num('4578')
ans =
      4578
>> A = [1,2,3,4;5,6,7,8;9,10,11,12];
>> mat2str(A)
```

```
ans =
[1 2 3 4;5 6 7 8;9 10 11 12]
>>PP ='3679';
>>str2num(PP)
ans =
      3679
>>whos
  Name     Size            Bytes    Class      Attributes
  A        3x4               96     double
  AS       1x14             112     double
  PP       1x4                8     char
  ans      1x1                8     double
  cha      1x14              28     char
```

MATLAB 中常用的字符串操作函数如表1-6所示。

表1-6 字符串操作函数及其功能描述

函数名称	功能描述	函数名称	功能描述
strcmp	比较两个字符串是否相等	strcmpi	比较两个字符串是否相等,不区分大小写
strncmp	比较两个字符串的前 n 个字符是否相等	strncmpi	比较两个字符串的前 n 个字符是否相等,不区分大小写
findstr	在现有字符串中寻找需要的字符串	size	取字符串的长度
strtok	查找字符串的分隔符	strmatch	查找指定匹配字符串
strrep	用一个字符串替换另一个字符串	deblank	删除字符串中的后拖空格
strcat	将字符串连接	strvcat	将字符串垂直连接
lower	将字符串转换成小写	upper	将字符串转换成大写

例7 字符串函数操作。

```
>>A ='I am';
>>B =' a student';
>>strcat(A,B)
ans =
I am a student
>>strvcat(A,B)
ans =
I am
a student
>>C ='Hello Kity';
>>D ='Hello boys';
>>strcmp(C,D)   % 若相同,返回值为1,否则为0
ans =
     0
>>E ='hello kity';
```

```
>> strcmpi(C,E)    % 不区分字母大小写,若相同,返回值为1,否则为0
ans =
    1
>> strncmp(C,D,5) % 比较字符串C与D中的前5个字符是否相同。若相同,返回值为1,否则为0
ans =
    1
>> F = 'I am a student';
>> findstr(F,'am')
ans =
    3
upper(F)
ans =
I AM A STUDENT
>> strrep(F,'I am','You are')   % 用字符串You are替换字符串I am
ans =
You are a student
>> size(F)
ans =
    1    14
```

1.4.3 数值数据显示格式的设置

一般情况下,在 MATLAB 内部,每一个数值数据都是用双精度浮点数来表示和存储的,而默认的数据显示形式仅有5位长度。不过,用户可以利用 format 函数设置数值数据的显示格式。几个常用的数值数据显示格式的相关设置如表1-7所示。

表1-7 数值数据显示格式设置函数及其功能描述

函数名称	功能描述	函数名称	功能描述
format	默认的数据显示格式	format short	5位有效数字显示格式
format long	15位有效数字显示	format rat	用近似有理数表示
format hex	用十六进制表示	format bank	使用金融数字
format compact	压缩空格	format loose	显示数据中包含空格和空行

 例8 用不同的显示格式显示圆周率 π。

```
>> format
>> pi

ans =

    3.1416

>> format short
```

```
>> pi

ans =

    3.1416

>> format long
>> pi

ans =

    3.141592653589793

>> format rat
>> pi

ans =

    355/113

>> format hex
>> pi

ans =

    400921fb54442d18

>> format bank
>> pi

ans =

        3.14

>> format compact
>> pi
ans =
        3.14
>> format loose
>> pi

ans =

        3.14
```

 1.4.4 运算符与运算

MATLAB 中的数据运算主要有算术运算、关系运算与逻辑运算。
1. 算术运算
MATLAB 的算术运算符及其功能描述如表 1-8 所示。

表 1-8 MATLAB 中的算术运算符及其功能描述

算术运算符	功能描述	算术运算符	功能描述
+	矩阵(或数组)的对应元素相加	/	矩阵右除
-	矩阵(或数组)的对应元素相减	\	矩阵左除
*	矩阵相乘	./	矩阵(或数组)对应元素右除
.*	矩阵(或数组)的对应元素相乘	.\	矩阵(或数组)对应元素左除
^	矩阵的幂	'	矩阵(或数组)的共轭转置
.^	矩阵(或数组)元素的幂	.'	矩阵(或数组)的非共轭转置

例9 MATLAB 的算术运算。

```
>> format compact
>> 1+2
ans =
    3
>> A=[1 2 3;4 5 6];
>> B=[7,8,9;10,11,12];
>> A+B
ans =
    8    10    12
   14    16    18
>> A-B
ans =
   -6    -6    -6
   -6    -6    -6
>> A.*B
ans =
    7    16    27
   40    55    72
>> A./B
ans =
   0.1429    0.2500    0.3333
   0.4000    0.4545    0.5000
>> B.\A
ans =
   0.1429    0.2500    0.3333
   0.4000    0.4545    0.5000
>> A.'
ans =
    1    4
    2    5
    3    6
```

```
C =
   1.0000 + 2.0000i   4.0000 + 0.0000i
   5.0000 + 0.0000i   7.0000 + 8.0000i
>> C'
ans =
   1.0000 - 2.0000i   5.0000 + 0.0000i
   4.0000 + 0.0000i   7.0000 - 8.0000i
>> D = [5 6;3 7;2 2];
>> A*D
ans =
    17    26
    47    71
>> A.^3
ans =
     1     8    27
    64   125   216
```

2. 关系运算

MATLAB 中的关系运算符及其功能描述如表 1-9 所示。

表 1-9 MATLAB 中的关系运算符及其功能描述

关系运算符	功能描述	关系运算符	功能描述
<	小于	>=	大于等于
<=	小于等于	==	等于
>	大于	~=	不等于

3. 逻辑运算

在 MATLAB 中，逻辑运算是针对元素的操作，运算结果是特殊的逻辑数组。在逻辑分析时，逻辑"真"用 1 表示，逻辑"假"用 0 表示。逻辑运算符及其功能描述如表 1-10 所示。

表 1-10 MATLAB 中的逻辑运算符及其功能描述

关系运算符	功能描述	关系运算符	功能描述
&	对应元素同时为 1 时，运算结果为 1，否则为 0	|	对应元素同时为 0 时，运算结果为 0，否则为 1
~	输入元素为 1 时，运算结果为 0，否则为 1	xor	对应元素相同时运算结果为 0，否则为 1

例 10 MATLAB 的关系运算与逻辑运算。

```
>> A = [1 3 5;4 7 6;3 9 6];
>> B = [1 3 5;4 0 6;1 3 4];
>> A == B
ans =
```

```
        1    1    1
        1    0    1
        0    0    0
>> ~B
ans =
        0    0    0
        0    1    0
        0    0    0
>> A >= B
ans =
        1    1    1
        1    1    1
        1    1    1
>> A > B
ans =
        0    0    0
        0    1    0
        1    1    1
>> A ~= B
ans =
        0    0    0
        0    1    0
        1    1    1
>> A&B
ans =
        1    1    1
        1    0    1
        1    1    1
>> xor(A,B)
ans =
        0    0    0
        0    1    0
        0    0    0
>> A|B
ans =
        1    1    1
        1    1    1
        1    1    1
```

MATLAB 在执行含有关系运算、逻辑运算和算术运算的数学运算时,遵循一定的优先级原则。它首先执行具有较高优先级的运算,然后执行具有较低优先级的运算。如果两个运算的优先级相同,则按从左到右的顺序执行。MATLAB 运算符的优先次序如表 1-11 所示。

表 1–11　MATLAB 运算符的优先次序

优先次序	运算符
最高	'、^、.'、.^
↓	~（逻辑非）
	、/、\、.、./、.\
	+、-
	:（冒号运算）
	<、<=、>、>=、==、~=
	&
最低	|

1.4.5　常用的数学函数

MATLAB 提供了丰富的数学函数,这些函数的用法及名称与高等数学中的基本一致。需要注意的是,三角函数自变量的取值必须是弧度。

1. 基本初等函数

基本初等函数有幂函数、指数函数、对数函数、三角函数及反三角函数,它们的函数名称及其功能描述如表 1–12 所示。

表 1–12　基本初等函数的名称及其功能描述

函数名称	功能描述	函数名称	功能描述	函数名称	功能描述
exp	E 为底的指数	log10	10 为底的对数	pow2	2 的幂
log	自然对数	log2	2 为底的对数	sqrt	平方根
sin	正弦	cos	余弦	tan	正切
cot	余切	sec	正割	csc	余割
asin	反正弦	acos	反余弦	atan	反正切
acot	反余切	asec	反正割	acsc	反余割

2. 双曲函数与反双曲函数

MATLAB 中的双曲函数与反双曲函数如表 1–13 所示。

表 1–13　双曲函数与反双曲函数的中英文名称对照

函数名称	功能描述	函数名称	功能描述	函数名称	功能描述
sinh	双曲正弦	cosh	双曲余弦	tanh	双曲正切
coth	双曲余切	sech	双曲正割	csch	双曲余割
asinh	反双曲正弦	acosh	反双曲余弦	atanh	反双曲正切
acoth	反双曲余切	asech	反双曲正割	acsch	反双曲余割

3. 复数函数

MATLAB 中与复数有关的复数函数如表 1-14 所示。

表 1-14 复数函数及其功能描述

函数名称	功能描述	函数名称	功能描述	函数名称	功能描述
abs	绝对值	conj	复数共轭	real	复数实部
angle	相角	imag	复数虚部	complex	创建复数

4. 取整函数和求余函数

MATLAB 中与取整运算和求余运算有关的函数如表 1-15 所示。

表 1-15 取整函数、求余函数的名称及其功能描述

函数名称	功能描述	函数名称	功能描述	函数名称	功能描述
ceil	向正无穷取整	floor	向负无穷取整	fix	向零取整
round	向最接近的整数取整	rem	对数法取余数	mod	模数取余

5. 统计函数

MATLAB 中与统计有关的部分函数及其功能描述如表 1-16 所示。

表 1-16 部分统计函数及其功能描述

函数名称	功能描述	函数名称	功能描述	函数名称	功能描述
min	求最小元素	max	求最大元素	mean	求平均值
median	中位数	std	标准差	sum	总和
prod	总乘积	dot	内积	cross	外积
length	个数	cumsum	累计元素总和	cumprod	累计元素总乘积

例 11 数学函数的应用。

```
>> exp(3)
ans =
   20.0855
>> log10(10)
ans =
    1
>> log(3)
ans =
   1.0986
>> sin(7)
ans =
   0.6570
>> asin(1/2)
ans =
   0.5236
```

```
>> csc(8.5)
ans =
    1.2524
>> sech(100)
ans =
   7.4402e-44
>> sinh(25)
ans =
   3.6002e+10
>> atanh(0.75)
ans =
    0.9730
>> complex(3,4)
ans =
   3.0000 + 4.0000i
>> abs(3+4i)
ans =
    5
>> conj(3+4i)
ans =
   3.0000 - 4.0000i
>> angle(3+4i)
ans =
    0.9273
>> ceil(7.5)
ans =
    8
>> floor(7.5)
ans =
    7
>> fix(7.5)
ans =
    7
>> fix(-7.5)
ans =
    -7
>> round(4.3)
ans =
    4
>> round(4.7)
ans =
    5
>> mod(47,8)
```

```
ans =
    7
>> rem(47,8)
ans =
    7
>> rem(8,2)
ans =
    0
>> min([1,2,3,4])
ans =
    1
>> mean([7,8,3.5])
ans =
    6.1667
>> prod([1,2,3,4])
ans =
    24
>> dot([1,2,3],[4,5,6])
ans =
    32
>> length([1,3,5,7])
ans =
    4
>> cumsum([1,3,5,7,9])
ans =
    1    4    9   16   25
>> cumprod([1,3,5,7,9])
ans =
    1    3   15  105  945
```

第二章　数值计算与符号计算

在现代科学和工程技术中，经常会遇到大量复杂的数学计算问题，这些问题用传统的计算工具解决非常困难，而用计算机软件来处理却非常容易。随着科学的发展，使用计算机软件来验证定理或结论的方式已经成为一种重要的手段。前者的计算称为数值计算，后者称为符号计算，两者合称为科学计算。

MATLAB 在科学计算中占有统治地位。本章主要叙述 MATLAB 的一些科学计算功能。

2.1 矩阵分析

一般来说，矩阵的计算是非常复杂与繁琐的。矩阵是线性代数理论的基础，也是 MATLAB 的计算单元。

线性代数中的一些特殊矩阵可以通过调用 MATLAB 函数来生成，而一些相关的计算也可通过调用函数来完成。

例1 特殊矩阵的生成。

```
% zeros(m,n)生成m×n阶零矩阵,zeros(m)生成m×m阶零矩阵,zeros(size(A))生成与A同阶的矩阵
>> zeros(3)
ans =
     0     0     0
     0     0     0
     0     0     0
>> zeros(3,4)
ans =
     0     0     0     0
     0     0     0     0
     0     0     0     0
% eye(n)生成n×n阶单位单位矩阵,eye(m,n)生成m×n阶单位矩阵,eye(size(A))生成与A同阶的单位矩阵
>> eye(4)
ans =
     1     0     0     0
     0     1     0     0
     0     0     1     0
```

```
    0    0    0    1
>> 4*eye(3)    % 产生数量矩阵
ans =
    4    0    0
    0    4    0
    0    0    4
>> eye(5,6)
ans =
    1    0    0    0    0    0
    0    1    0    0    0    0
    0    0    1    0    0    0
    0    0    0    1    0    0
    0    0    0    0    1    0
```

% ones(m,n)生成 $m \times n$ 阶全1矩阵,ones(m)生成 $m \times m$ 阶全1矩阵,ones(size(A))生成与 **A** 同阶的全1矩阵

```
>> ones(2)
ans =
    1    1
    1    1
>> ones(2,3)
ans =
    1    1    1
    1    1    1
```

% rand(m,n)生成 $m \times n$ 阶随机矩阵,rand(m)生成 $m \times m$ 阶随机矩阵,rand(size(A))生成与 **A** 同阶的随机矩阵

```
>> rand(2,4)
ans =
    0.8147    0.1270    0.6324    0.2785
    0.9058    0.9134    0.0975    0.5469
>> rand(3)
ans =
    0.9575    0.9706    0.8003
    0.9649    0.9572    0.1419
    0.1576    0.4854    0.4218
>> A=[1 1 3;4 5 4;2 3 4];
>> inv(A)    % 求矩阵 A 的逆矩阵
ans =
    1.3333    0.8333   -1.8333
   -1.3333   -0.3333    1.3333
    0.3333   -0.1667    0.1667
>> rand(size(A))
ans =
    0.9157    0.6557    0.9340
```

```
    0.7922    0.0357    0.6787
    0.9595    0.8491    0.7577
```
% 所谓的魔术矩阵是指矩阵的行和、列和以及对角线之和相等的矩阵。magic(n)用来生成 n 阶魔术矩阵
```
>> A = magic(5)
A =
    17    24     1     8    15
    23     5     7    14    16
     4     6    13    20    22
    10    12    19    21     3
    11    18    25     2     9
>> trace(A)    % 计算矩阵 A 的迹
ans =
    65
>> rank(A)     % 计算矩阵 A 的秩
ans =
    5
>> vander([2 5 7 3 9])  % vander(V)生成以向量 V 为倒数第 2 列的范德蒙行列式
ans =
      16      8      4      2      1
     625    125     25      5      1
    2401    343     49      7      1
      81     27      9      3      1
    6561    729     81      9      1
```
>> hilb(3)   % hilb(n)生成每个元素为 $h_{ij} = \dfrac{1}{i+j-1}$ 的希尔伯特矩阵
```
ans =
    1.0000    0.5000    0.3333
    0.5000    0.3333    0.2500
    0.3333    0.2500    0.2000
>> invhilb(3)  % 求三阶希尔伯特矩阵的逆矩阵
ans =
     9    -36     30
   -36    192   -180
    30   -180    180
>> det(A)     % 计算矩阵 A 的行列式
ans =
   5.0700e+06
>> det(A)*inv(A)  % 计算矩阵 A 的伴随矩阵
ans =
   1.0e+05 *
   -0.2503    2.5935   -1.7940    0.0585    0.1723
    2.1873   -1.8915   -0.2340    0.6435    0.0748
```

```
    -1.5340    0.1560    0.1560    0.1560    1.8460
     0.2373   -0.3315    0.5460    2.2035   -1.8753
     0.1397    0.2535    2.1060   -2.2815    0.5622
% diag(V,k)表示以向量 V 的元素作为产生矩阵的第 k 条对角线元素,当 k=0 时,V 为矩阵的主对角
线;当 k>0 时,V 为矩阵上方第 k 条对角线;当 k<0 时,V 为下方第 k 条对角线,默认为 k=0
>> V=[1 3 6 9 7];
>> diag(V)
ans =
     1     0     0     0     0
     0     3     0     0     0
     0     0     6     0     0
     0     0     0     9     0
     0     0     0     0     7
>> diag(V,2)
ans =
     0     0     1     0     0     0     0
     0     0     0     3     0     0     0
     0     0     0     0     6     0     0
     0     0     0     0     0     9     0
     0     0     0     0     0     0     7
     0     0     0     0     0     0     0
     0     0     0     0     0     0     0
>> diag(V,-1)
ans =
     0     0     0     0     0     0
     1     0     0     0     0     0
     0     3     0     0     0     0
     0     0     6     0     0     0
     0     0     0     9     0     0
     0     0     0     0     7     0
```

可以利用 MATLAB 对矩阵的元素进行操作,包括对矩阵元素的提取、赋值、删除或添加等。

例 2 矩阵元素的提取、赋值、删除、添加与结构变换。

```
>> B=[3 3 6 9;7 2 8 3;6 2 5 9;9 9 8 7]
B =
     3     3     6     9
     7     2     8     3
     6     2     5     9
     9     9     8     7
>> B(2,3)     % 提取第 2 行、第 3 列的元素
ans =
     8
```

```
>> B(8)        % 提取按列编码为 8 的元素
ans =
     9
>> B([1,3],[2,4])   % 提取矩阵 B 的第 1、3 行,第 2、4 列交叉位置的元素
ans =
     3     9
     2     9
>> B(1,:)       % 提取第 1 行所有元素
ans =
     3     3     6     9
>> B(:,[1,3])    % 提取第 1、3 列的所有元素
ans =
     3     6
     7     8
     6     5
     9     8
% 将矩阵第 2、3 行的元素赋值为 0,注赋值后矩阵会发生改变量
>> B([2:3],:) = 0
B =
     3     3     6     9
     0     0     0     0
     0     0     0     0
     9     9     8     7
>> B(2,:) = 6      % 将第 2 行的元素赋值为 6
B =
     3     3     6     9
     6     6     6     6
     0     0     0     0
     9     9     8     7
>> B(2,:) = []    % 删除矩阵第 2 行的元素,原矩阵也会随之发生改变
B =
     3     3     6     9
     0     0     0     0
     9     9     8     7
>> B(:,5) = 4    % 在矩阵 B 中添加第 5 列并赋值为 4
B =
     3     3     6     9     4
     7     2     8     3     4
     6     2     5     9     4
     9     9     8     7     4
% 在矩阵 B 的第 6 行,第 5 列添加元素 2,其余新添加的元素自动赋值为 0
>> B(6,5) = 2
B =
```

```
    3    3    6    9    4
    7    2    8    3    4
    6    2    5    9    4
    9    9    8    7    4
    0    0    0    0    0
    0    0    0    0    2
```

% tril(B,k)抽取矩阵 **B** 的第 k 条对角线的下三角部分；$k=0$ 为主对角线；$k>0$ 为主对角线以上；$k<0$ 为主对角线以下

```
>> tril(B)
ans =
    3    0    0    0
    7    2    0    0
    6    2    5    0
    9    9    8    7

>> tril(B,1)
ans =
    3    3    0    0
    7    2    8    0
    6    2    5    9
    9    9    8    7

>> tril(B,-1)
ans =
    0    0    0    0
    7    0    0    0
    6    2    0    0
    9    9    8    0
```

% triu(B,k)抽取 **B** 的第 k 条对角线的上三角部分；$k=0$ 为主对角线；$k>0$ 为主对角线以上；$k<0$ 为主对角线以下

```
>> triu(B)
ans =
    3    3    6    9
    0    2    8    3
    0    0    5    9
    0    0    0    7

>> triu(B,1)
ans =
    0    3    6    9
    0    0    8    3
    0    0    0    9
    0    0    0    0

>> triu(B,-2)
ans =
    3    3    6    9
```

```
         7     2     8     3
         6     2     5     9
         0     9     8     7
>> B=[3 3 6 9;7 2 8 3;6 2 5 9;9 9 8 7]
B =
         3     3     6     9
         7     2     8     3
         6     2     5     9
         9     9     8     7
>> B'    % 矩阵的转置运算用单撇号(')
ans =
         3     7     6     9
         3     2     2     9
         6     8     5     8
         9     3     9     7
% rot90(B,k)将矩阵 B 逆时针旋转 90×k 度,k 为正整数,默认为 1 形成新矩阵,B 本身不变
>> C=rot90(B)
C =
         9     3     9     7
         6     8     5     8
         3     2     2     9
         3     7     6     9
>> rot90(B,2)
ans =
         7     8     9     9
         9     5     2     6
         3     8     2     7
         9     6     3     3
>> fliplr(B)   % fliplr(B)将矩阵 B 进行左右翻转
ans =
         9     6     3     3
         3     8     2     7
         9     5     2     6
         7     8     9     9
>> flipud(B)   % fliplr(B)将矩阵 B 进行上下翻转
ans =
         9     9     8     7
         6     2     5     9
         7     2     8     3
         3     3     6     9
```

矩阵有时需要进行拼接,所谓的矩阵拼接就是指两个或两个以上的矩阵按一定的方向进行连接,生成一个新的矩阵。

例3 矩阵的拼接。

```
>>C=[1 2 3;4 5 6]
C =
    1    2    3
    4    5    6
>>D=[7 8 9;10 11 12]
D =
    7    8    9
   10   11   12
>>[C D]    % 水平方向的连接
ans =
    1    2    3    7    8    9
    4    5    6   10   11   12
>>[C,D]    % 水平方向的连接
ans =
    1    2    3    7    8    9
    4    5    6   10   11   12
>>[C;D]    % 垂直方向的连接
ans =
    1    2    3
    4    5    6
    7    8    9
   10   11   12
```

在高等代数理论中,矩阵的分解是一个很繁琐的过程,而利用 MATLAB 计算矩阵的分解却非常简单。

例4 矩阵的分解。

```
% [L,U]=lu(E)产生一个上三角阵 U 和一个变换形式的下三角阵 L(行交换),使之满足 E=LU。注意,这里的矩阵 E 必须是方阵
>>E=[8 6 3;1 2 3;9 6 5];
>>[L,U]=lu(E)
L =
    0.8889    0.5000    1.0000
    0.1111    1.0000         0
    1.0000         0         0
U =
    9.0000    6.0000    5.0000
         0    1.3333    2.4444
         0         0   -2.6667
```

% [L U P]=lu(E)产生一个上三角阵 U 和一个下三角阵 L 以及一个置换矩阵 P,使之满足 PE=LU。当然,矩阵 E 同样必须是方阵

```
>>[L U P]=lu(E)
L =
```

```
    1.0000         0         0
    0.1111    1.0000         0
    0.8889    0.5000    1.0000
U =
    9.0000    6.0000    5.0000
         0    1.3333    2.4444
         0         0   -2.6667
P =
     0     0     1
     0     1     0
     1     0     0
>> F = [7 4 1 5;8 7 6 2;3 3 4 9]
F =
     7     4     1     5
     8     7     6     2
     3     3     4     9
% [Q,R] = qr(F)产生一个一个正交矩阵 Q 和一个上三角矩阵 R,使之满足 F = QR
>> [Q,R] = qr(F)
Q =
    -0.6338    0.7580    0.1541
    -0.7243   -0.5116   -0.4623
    -0.2716   -0.4046    0.8732
R =
   -11.0454   -8.4198   -6.0659   -7.0618
         0   -1.7625   -3.9297   -0.8743
         0         0    0.8732    7.7050
% [Q,R,E] = qr(F)产生一个一个正交矩阵 Q、一个上三角矩阵 R 以及一个置换矩阵 E,使之满足 FE = QR
>> [Q,R,E] = qr(F)
Q =
    -0.6338    0.0677   -0.7706
    -0.7243   -0.4017    0.5604
    -0.2716    0.9133    0.3036
R =
   -11.0454   -7.0618   -6.0659   -8.4198
         0    7.7544    1.3107    0.1987
         0         0    3.8062    1.7513
E =
     1     0     0     0
     0     0     0     1
     0     0     1     0
     0     1     0     0
>> G = [-2 2 -1;0 -2 0;1 -4 0];
```

```
% [V,D] = eig(G)产生向量矩阵 V 与特征值矩阵 D 使得 GV = DV
>>[V,D] = eig(G)
V =
   -0.7071   -0.7071   -0.0000
    0         0         0.4472
    0.7071    0.7071    0.8944
D =
   -1    0    0
    0   -1    0
    0    0   -2
```

2.2 多项式的运算

MATLAB 提供了许多多项式处理的函数,可以很方便地表示、创建、运算多项式。另外,MATLAB 还提供了多项式的合并、展开、嵌套和分解等多个函数供用户调用。

在 MATLAB 中,n 次多项式用一个长度为 $n+1$ 的行向量表示,缺少的幂次项系数用 0 补足。例如多项式

$$p(x) = 4x^4 - 7x^2 - 5x - 1$$

在 MATLAB 中可用向量表示为

$$[4, 0, -7, -5, -1]。$$

例 1 求解多项式 $x^4 - 8x^3 + 12x^2 + 2$ 的根及其在点 $x=2$ 处的值。

```
>> p = [1 -8 12 0 2];
>> format compact
>> r = roots(p)    % 求解多项式 p 的零点或根
r =
   5.9860 + 0.0000i
   2.1151 + 0.0000i
  -0.0505 + 0.3942i
  -0.0505 - 0.3942i
>> polyval(p,2)    % 计算多项式 p 在 x=2 的值
ans =
    2
>> ss = poly(r)    % 利用多项式的零点创建多项式
ss =
    1.0000   -8.0000   12.0000    0.0000    2.0000
```

例 2 对两个多项式 $p_1(x) = 4x^4 - 2x^3 - 16x^2 + 5x + 9$, $p_2(x) = 2x^3 - x^2 - 5x + 4$ 进行运算。

```
>> p1 = [4 -2 -16 5 9];p2 = [2 -1 -5 4];
>> conv(p1,p2)    % 计算多项式 p1 与 p2 的乘积
```

```
ans =
     8    -8   -50    52    85   -98   -25    36
>> deconv(p1,p2)      % 计算 $p_1$ 与 $p_2$ 商
ans =
     2     0
>> polyder(p1)        % 计算 $p_1$ 的导数
ans =
    16    -6   -32     5
>> polyder(p1,p2)     % 计算 $p_1$ 与 $p_2$ 乘积的导数
ans =
    56   -48  -250   208   255  -196   -25
```

例3 表达式的合并、展开、嵌套、分解与化简。

```
>> syms x y a b t      % 定义符号变量 x y a b t
>> f1=(x+y+2)*(x^3+y^2+1);   % 创建表达式
% collect(f,v)用来合并表达式中 v 的函数,默认的 v 为 x
>> c1=collect(f1)
c1 =
x^4 + (y + 2)*x^3 + (y^2 + 1)*x + (y^2 + 1)*(y + 2)
>> c2=collect(f1,x)
c2 =
x^4 + (y + 2)*x^3 + (y^2 + 1)*x + (y^2 + 1)*(y + 2)
>> c3=collect(f1,y)
c3 =
y^3 + (x + 2)*y^2 + (x^3 + 1)*y + (x^3 + 1)*(x + 2)
>> expand(f1)    % expand(f)用来将表达式 f 的各项进行展开
ans =
x^4 + x^3*y + 2*x^3 + x*y^2 + x + y^3 + 2*y^2 + y + 2
>> expand(sin(x+y))
ans =
cos(x)*sin(y) + cos(y)*sin(x)
>> expand((3*x^2+4*x+7)*(x+5))
ans =
3*x^3 + 19*x^2 + 27*x + 35
>> expand(tan(a+t)*sin(a*x))
ans =
- (sin(a*x)*tan(a))/(tan(a)*tan(t) - 1) - (sin(a*x)*tan(t))/(tan(a)*tan(t) - 1)
>> f2=(x+y)*(x^2+y^2+1)
f2 =
(x + y)*(x^2 + y^2 + 1)
>> horner(f2)    % horner(f)将多项式 f 转换成嵌套形式
ans =
```

```
y*(y^2 + 1) + x*(x*(x + y) + y^2 + 1)
>>factor(x^4 -y^4)    % factor(f)对多项式 f 进行因式分解
ans =
(x - y)*(x + y)*(x^2 + y^2)
>>factor(sym('12860'))
ans =
2^2*5*643
>>f3 = x^3 + x^2 + x + 1;
>>f1v = subs(f3,1)  % subs(f,a)实现用 a 代替表达式 f 中的 x
f1v =
4
>>f4 = x^2 + y^3 + 2;
>>f4v = subs(f4,y,2)   % subs(f,y,a)实现用 a 代替表达式 f 中的 y
f4v =
x^2 + 10
>>f4xy = subs(f4,y,x)   % subs(f,y,x)实现用 x 代替表达式 f 中的 y
f4xy =
x^3 + x^2 + 2
>>f5 = (a^4 -b^4)/(a^2 +b^2);
>>simplify(f5)     % simplify(f)用来化简表达式 f
ans =
a^2 - b^2
```

2.3 符号计算

因为 MATLAB 提供了专门的符号计算工具箱,故其具有强大的符号计算功能,包括我们所熟悉的函数极限、微分与积分计算等。

在进行符号计算时必须要对符号变量进行预定义。定义符号变量的定义有以下两种方式:

```
>>x = sym('x');y = sym('y');   % 定义符号变量 x 和 y
>>syms x y    % 定义符号变量 x 和 y
```

例 1 函数极限计算。

```
>>syms x y z
>>g = sin(x)/sqrt(x)
g =
sin(x)/x^(1/2)
>>limit(g,x,inf)   % limit(g,x,inf)计算极限 $\lim\limits_{x \to \infty}\frac{\sin x}{\sqrt{x}}$
ans =
0
>>limit(atan(x),x, + inf)     % 计算极限 $\lim\limits_{x \to +\infty} \arctan x$
```

```
ans =
pi/2
>> limit((x^2-4)/(x+2),x,-2)    % limit((x^2-4)/(x+2),x,-2)计算极限
```
$\lim\limits_{x\to -2}\dfrac{x^2-4}{x+2}$
```
ans =
-4
>> f=((1+tan(x))^0.5-(1+sin(x))^0.5)/(x*(1+(sin(x))^2)^0.5-x);
>> limit(f,x,0)    % limit(f,x,0)计算极限
```
$\lim\limits_{x\to 0}\dfrac{\sqrt{1+\tan x}-\sqrt{1+\sin x}}{x\sqrt{1+\sin^2 x}-x}$
```
ans =
1/2
```
% 计算右极限 $\lim\limits_{x\to 0^+}\dfrac{e^{x^3}-1}{1-\cos\sqrt{x-\sin x}}$
```
>> limit((exp(x^3)-1)/(1-cos((x-sin(x))^0.5)),x,0,'right')
ans =
12
>> limit((x^2-x)/(abs(x)*(x^2-1)),x,0,'left')    % 计算左极限
```
$\lim\limits_{x\to 0^-}\dfrac{x^2-x}{|x|(x^2-1)}$
```
ans =
-1
>> f=(1-cos(x^2+y^2))/((x^2+y^2)*exp(x^2*y^2))
f =
-(exp(-x^2*y^2)*(cos(x^2+y^2)-1))/(x^2+y^2)
>> limit(limit(f,x,0),y,0)    % 计算极限
```
$\lim\limits_{(x,y)\to(0,0)}\dfrac{1-\cos(x^2+y^2)}{(x^2+y^2)e^{x^2y^2}}$,下同
```
ans =
0
>> limit(limit(f,y,0),x,0)
ans =
0
```
% 计算极限 $\lim\limits_{(x,y)\to(1,0)}\dfrac{\ln(x+e^y)}{\sqrt{x^2+y^2}}$
```
>> limit(limit(log(x+exp(y))/sqrt(x^2+y^2),x,1),y,0)
ans =
log(2)
```

例2 函数导数求解。

```
>> syms x y z
>> f=sin(x)/(x^4+4*x+3)    % 
```
$f(x)=\dfrac{\sin x}{x^4+4x+3}$
```
f =
sin(x)/(x^4+4*x+3)
>> diff(f,x)    % diff(f,x)表示 f 对 x 求一阶导数,即
```
$f'(x)$

```
ans =
cos(x)/(x^4 + 4*x + 3) - (sin(x)*(4*x^3 + 4))/(x^4 + 4*x + 3)^2
```
% 计算 $f(x) = e^x \cos x$ 对 x 的四阶导数,diff(fun,x,n)表示 fun 对 x 求 n 阶导数,默认值 $n=1$
```
>> diff(exp(x)*cos(x),x,4)
ans =
-4*exp(x)*cos(x)
>> r = sqrt(x^2 + y^2 + z^2);          % r = √(x² + y² + z²)
>> diff(r,x)                            % 计算 r 对 x 的一阶偏导数
ans =
x/(x^2 + y^2 + z^2)^(1/2)
>> diff(r,y)                            % 计算 r 对 y 的一阶偏导数
ans =
y/(x^2 + y^2 + z^2)^(1/2)
>> diff(r,z)                            % 计算 r 对 z 的一阶偏导数
ans =
z/(x^2 + y^2 + z^2)^(1/2)
```
% 计算 r 对 x 的一阶偏导数,diff(r,x,n)是计算 r 对 x 的 n 阶偏导数,默认值 $n=1$
```
>> diff(r,x,3)
ans =
(3*x^3)/(x^2 + y^2 + z^2)^(5/2) - (3*x)/(x^2 + y^2 + z^2)^(3/2)
>> g = x^4*sin(x*y);                    % g(x,y) = x⁴sin(xy)
```
% 计算高阶偏导 $\dfrac{\partial^5 g}{\partial x^2 \partial y^3}$,diiff(diff(g,x,m),n)用来先计算 g 对 x 求 m 阶偏导数,然后再计算对 y 的 n 阶偏导数
```
>> diff(diff(g,x,2),y,3)
ans =
14*x^6*y*sin(x*y) - 42*x^5*cos(x*y) + x^7*y^2*cos(x*y)
>> diff(diff(g,y,3),x,2)                % 计算高阶偏导 ∂⁵g/∂y³∂x²
ans =
14*x^6*y*sin(x*y) - 42*x^5*cos(x*y) + x^7*y^2*cos(x*y)
```

例3 函数积分。

```
>> f = 1/(x^2*(1-x));       % f(x) = 1/(x²(1-x))

>> int(f,x)         % 计算不定积分 ∫f(x)dx,int(f,x)表示计算 f 对 x 的不定积分
ans =
log(x/(x - 1)) - 1/x
>> int(x/(2+3*x)^2,x)    % 计算不定积分 ∫ x/(2+3x)² dx
ans =
log(x + 2/3)/9 + 2/(27*(x + 2/3))
>> g = 1/(11+5*x)^3;    % g(x) = 1/(11+5x)³
```

```
>> int(g,x,-2,1)    % 计算定积分 $\int_{-2}^{1} g(x)\,dx$, int(g,x,a,b)表示计算函数 g 关于 x 在 a 到
```
b 上的定积分

ans =
51/512

```
>> int(sin(x+pi/3),x,pi/3,pi)    % 计算定积分 $\int_{\pi/3}^{\pi} \sin\left(x+\frac{\pi}{3}\right)dx$
```

ans =
0

```
>> int(1/x^4,x,1,+inf)    % 计算定积分 $\int_{1}^{+\infty} \frac{1}{x^4}\,dx$
```

ans =
1/3

```
>> int(x/sqrt(1-x^2),x,0,1)    % 计算定积分 $\int_{0}^{1} \frac{x}{\sqrt{1-x^2}}\,dx$
```

ans =
1

```
>> int(1/(x^2+2*x+2),x,-inf,+inf)    % 计算定积分 $\int_{-\infty}^{+\infty} \frac{1}{x^2+2x+2}\,dx$
```

ans =
pi

```
>> int(int(y*sqrt(1+x^2-y^2),y,x,1),x,-1,1)    % 求重积分 $\int_{-1}^{1} dx \int_{x}^{1} y\sqrt{1+x^2-y^2}\,dy$
```

ans =
1/2

```
>> int(int(x*y,y,y^2,y+2),x,-1,2)    % 计算二重积分 $\int_{-1}^{2} dy \int_{y^2}^{y+2} xy\,dx$
```

ans =
(3*(y + 2)^2)/4 - (3*y^4)/4

```
>> int(int(x*y,x,y^2,y+2),y,-1,2)
```

ans =
45/8

```
>> int(int(int(x,z,0,1-x-2*y),y,0,(1-x)/2),x,0,1)    % 计算 $\int_{0}^{1} dx \int_{0}^{\frac{1-x}{2}} dy \int_{0}^{1-x-2y} x\,dz$
```

ans =
1/48

2.4 符号方程求解

符号方程求解是科学研究与工程计算中经常遇到的问题。MATLAB 在代数方程和常微分方程求解方面有着独特的优势。本节主要介绍代数方程和常微分方程求解。

2.4.1 代数方程求解

代数方程主要是线性方程与非线性方程。求解方程精确解的方法有两类:一类是利用矩阵运算,另一类是调用求解方程的命令 solve。

例1 代数方程求解。

```
>> clear
>> syms a b c x y
>> solve(x^2-3*x+2)     % 解方程 x²-3x+2=0
ans =
1
2
>> solve(a*x^2+b*x+c,x)  % 解方程 ax²+bx+c=0,其中x是变量
ans =
-(b + (b^2 - 4*a*c)^(1/2))/(2*a)
-(b - (b^2 - 4*a*c)^(1/2))/(2*a)
>> solve(x^3-1)
ans =
1
 (3^(1/2)*i)/2 - 1/2
 (3^(1/2)*i)/2   1/2
>> xall=solve(x^4==81,x)
xall =
   3
  -3
 3*i
-3*i
>> xall=solve(x^4==81,x,'real',true)    % 求方程 x⁴=81 在实数域内的解
xall =
   3
  -3
```

% 下面的语句用来求解线性方程组 $\begin{cases} x+2y=4 \\ x-4y=2 \end{cases}$

```
[x,y]=solve(x+2*y==4,2*x-4*y==2)
x =
5/2
y =
3/4
```

% 下面的语句用来求解非线性方程组 $\begin{cases} x^2+xy+y=3 \\ x^2-4x+3=0 \end{cases}$

```
>> [x,y]=solve('x^2+x*y+y=3','x^2-4*x+3=0')
x =
```

```
     1
     3
y =
     1
  -3/2
```

% 下面的语句命令用来求解方程组 $\begin{cases} x_1 - 2x_2 + 3x_3 - 4x_4 = 4 \\ x_2 - x_3 + x_4 = -3 \\ x_1 + 3x_2 + x_4 = 1 \\ -7x_2 + 3x_3 + x_4 = -3 \end{cases}$,即 $\boldsymbol{AX} = \boldsymbol{b}$

```
>> A = [1 -2 3 -4;0 1 -1 1;1 3 0 1;0 -7 3 1];
>> b = [4 -3 1 -3]';
>> X = inv(A)*b
X =
    -8
     3
     6
     1/1200959900632132
>> X = A\b
X =
    -8
     3
     6
     1/1200959900632132
```

2.4.2 常微分方程求解

常微分方程的求解一般调用 dsolve 函数,其调用格式为 y = dsolve(f1,f2,…,fn,'x'),其中 x 是可选项。

例2 常微分方程求解。

% 求解微分方程 $y'' - 2y' - 3y = 3t + 1$
```
>> y = dsolve('D2y - 2*Dy - 3*y = 3*t + 1')     % MATLAB 默认的自变量是 t
y =
C1*exp(-t) - t + C2*exp(3*t) + 1/3
```
% 求解微分方程 $y'' - 2y' - 3y = 3x + 1$
```
>> y = dsolve('D2y - 2*Dy - 3*y = 3*x + 1','x')   % 这里指定 x 是自变量
y =
C3*exp(-x) - x + C4*exp(3*x) + 1/3
```
% 求解微分方程 $y'' - 5y' + 6y = e^{2x}$
```
>> y = dsolve('D2y - 5*Dy + 6*y = x*exp(2*x)','x')
y =
C5*exp(3*x) - (x^2*exp(2*x))/2 - exp(2*x)*(x + 1) + C6*exp(2*x)
```
% 求解微分方程 $y'' + y = x\cos(2x)$

```
>> y=dsolve('D2y+y=x*cos(2*x)','x')
y =
sin(x)*(cos(3*x)/18 + cos(x)/2 + (x*sin(3*x))/6 + (x*sin(x))/2) - cos
(x)*(sin(3*x)/18 - sin(x)/2 - (x*cos(3*x))/6 + (x*cos(x))/2) + C7*cos
(x) + C8*sin(x)
```

2.5 概率与数字特征的计算

MATLAB 的统计学工具箱提供了 21 种概率密度函数及其分布函数、逆分布函数,它们的功能是计算各分布的概率密度函数值、分布函数值与逆分布函数值。常用的概率密度函数、分布函数与逆分布函数分别如表 2-1~表 2-3 所示。其中函数的输入与输出参数是易于理解的,这里不一一列举。

表 2-1 常见的概率密度函数

函数名称	功能描述	调用格式
binopdf	二项分布的分布律	y = binopdf(x,n,p)
geopdf	几何分布的分布律	y = geopdf(x,p)
hygepdf	超几何分布的分布律	y = hygepdf(x,m,k,n)
poisspdf	泊松分布的概率密度	y = poisspdf(x,lambda)
unifpdf	均匀分布的概率密度	y = unifpdf(x,a,b)
exppdf	指数分布的概率密度	y = exppdf(x,lambda)
normpdf	正态分布的概率密度	y = normpdf(x,mu,sigma)
chi2pdf	χ^2 分布的概率密度	y = chi2pdf(x,v)
tpdf	t 分布的概率密度函数	y = tpdf(x,v)
fpdf	F 分布的概率密度	y = fpdf(x,v1,v2)
pdf	指定分布的概率密度	y = pdf('name',x,a1,a2,a3)

表 2-2 常见的分布函数

函数名称	功能描述	调用格式
binocdf	二项分布的分布函数	F = binocdf(x,n,p)
poisscdf	泊松分布的分布函数	F = poisscdf(x,lambda)
geocdf	几何分布的分布函数	F = geocdf(x,p)
hygecdf	超几何分布的分布函数	F = hygecdf(x,m,k,n)
unifcdf	均匀分布的分布函数	F = unifcdf(x,a,b)
expcdf	指数分布的分布函数	F = expcdf(x,mu)
normcdf	正态分布的分布函数	F = normcdf(x,mu,sigma)
chi2cdf	χ^2 分布的分布函数函数	F = chi2cdf(x,v)
tpcf	t 分布的分布函数	F = tcdf(x,v)
fcdf	F 分布的分布函数	F = fcdf(x,v1,v2)
cdf	指定分布的分布函数	F = cdf('name',x,a1,a2,a3)

表 2-3 常见的逆分布函数

函数名称	函数说明	调用格式
binoinv	二项分布的逆分布函数	x = binoinv(n,F,p)
poissinv	泊松分布的逆分布函数	x = poissinv(F,lambda)
geoinv	几何分布的逆分布函数	x = geoinv(F,p)
hygeinv	超几何分布的逆分布函数	x = hygeinv(F,m,k,n)
unifinv	均匀分布的逆分布函数	x = unifinv(F,a,b)
expinv	指数分布的逆分布函数	x = expinv(F,mu)
norminv	正态分布的逆分布	x = norminv(F,mu,sigma)
chi2inv	χ^2 分布的逆分布函数	x = chi2inv(F,v)
tinv	t 分布的逆分布函数	x = tinv(F,v)
finv	F 分布的逆分布函数	x = finv(F,v1,v2)
icdf	指定分布的逆分布函数	x = icdf('name',F,a1,a2,a3)

例1 当参数给定时,计算概率密度、分布律、逆分布。

```
% 当 p = 0.3 时的 0-1 分布,本例计算的是 P(X=1)的值。例 2 是计算 P(X=0)的值
>> y = binopdf(1,1,0.3)
y =
    0.3000
>> binopdf(0,1,0.3)
ans =
0.7000
% 下例是计算当 n = 5,p = 0.8 时的二项分布 P(X=3) = C_5^3 0.8^3 0.2^2 的值。
>> binopdf(3,5,0.8)
ans =
    0.2048
% 计算 λ = 4 时的泊松分布 P(X=5)的值
>> poisspdf(5,4)
ans =
    0.1563
% 计算随机变量 X 在区间[0,10]上服从均匀分布时 F(3) = P(X≤3)的值
>> unifcdf(3,0,10)
ans =
    0.3000
% 计算标准正态分布下 F(2,35) = P(X≤2.35)的概率
>> normcdf(2.35,0,1)
ans =
    0.9906
% 计算当 μ = 1.5,σ = 2 时,F(3.5) = P(X≤3.5)的概率
>> normcdf(3.5,1.5,2)
ans =
```

```
    0.8413
% 当 n=3,p=0.5 时,概率值为 0.8 时,计算服从二项分布的随机变量 X 的取值
>> binoinv(0.8,3,0.5)
ans =
    2
% 当 λ=2 时,概率值为 0.7 时,计算服从泊松分布的随机变量 X 的取值
>> poissinv(0.7,2)
ans =
    3
% 计算在标准正态分布下,概率值为 0.3 时,随机变量 X 的取值
>> norminv(0.3,0,1)
ans =
    -0.5244
```

例2 根据以往的销售记录知道,某种商品的月销售数服从参数为 10 的泊松分布,为以 95% 以上的概率保证该产品不脱销,每月月底应至少库存多少件该产品?

解:设 X 表示每月该产品的销售数,x 表示该产品的库存数。由已知 $X \sim P(10)$,所求问题的数学表达式为

$$P(X \leq x) \geq 0.95$$

这实际上是分布函数的反函数问题,即逆分布函数,运行命令:

```
>> poissinv(0.95,10)
ans =
    15
```

即:为使 95% 以上的概率保证该产品不脱销,每月月底应至少库存 15 件该产品。

MATLAB 的统计学工具箱提供了 20 个求随机变量的均值和方差函数,常用的函数如表 2-4 所示。

表 2-4 常见随机变量的均值和方差函数

函数名称	函数说明	调用格式
binostat	二项分布的均值和方差	[m,v] = binostat(n,p)
poissstat	泊松分布的均值和方差	[m,v] = poisstat(lambda)
geostat	几何分布的均值和方差	[m,v] = geostat(p)
hygestat	超几何分布的均值和方差	[m,v] = hygestat(m,k,n)
unifstat	均匀分布的均值和方差	[m,v] = unifstat(a,b)
expstat	指数分布的均值和方差	[m,v] = expstat(mu)
normstat	正态分布的均值和方差	[m,v] = normstat(mu,sigma)
chi2stat	χ^2 分布的均值和方差	[m,v] = chi2stat(v)
tstat	t 分布的均值和方差	[m,v] = tstat(v)
fstat	F 分布的均值和方差	[m,v] = fstat(v1,v2)

例3 当参数给定时,常见分布的数学期望与方差求解。

```
% 计算参数 p=0.3 的几何分布的数学期望与方差,其中 m 为均值,v 为方差
```

```
>> geostat(0.3)
ans =
    2.3333
>> [m,v] = geostat(0.3)
m =
    2.3333
v =
7.7778
```
% 计算参数 $m=100, k=50, n=30$ 的超几何分布的期望与方差
```
>> [m,v] = hygestat(100,50,30)
m =
    15
v =
    5.3030
```
% 计算 $k=17$ 的 χ^2 分布的均值和方差
```
>> [m,v] = chi2stat(17)
m =
    17
v =
34
```

第三章 MATLAB 绘图功能基础

MATLAB 提供了功能十分强大、使用非常方便的图形绘制功能,尤其擅长各种科学计算结果的可视化。本章将简单介绍基本的 MATLAB 图形绘制操作,这些操作命令格式简单,容易掌握。

3.1 二维图形

二维图形的绘制主要包括曲线图和特殊的二维图(如面积图、扇形图等)。二维曲线图的绘制函数如表 3-1 所示。

表 3-1 基本二维绘图函数

函数名称	功能描述	函数名称	功能描述	函数名称	功能描述
plot	绘制二维曲线图	polar	绘制二维极坐标图	loglog	绘制双轴对数坐标图
area	绘制面积图	pie	绘制扇形图	scatter	绘制散点图
bar	绘制垂直条形图	barh	绘制水平条形图	quiver	绘制矢量图
rose	绘制玫瑰花图	stairs	绘制阶梯图	hist	绘制柱形图
errorbar	绘制误差图	stem	绘制火柴杆图	feather	绘制羽毛图
commet	绘制慧星图	contour	绘制等值线图	compass	绘制罗盘图

例1 二维曲线绘制。

```
>> t = linspace(0,2*pi);% linespace 用来在指定的范围内均匀取点生成序列 t
>> x = cos(t);y = sin(t);    % 由 t 序列生成两个新的序列 x 和 y
>> plot(x,y)    % 绘制单位圆,如图 3-1 所示
>> x = 0:0.1:2*pi;    % 在[0,2π]之间生成一步长为 0.1 的序列,并赋值给 x
>> y = sin(x);    % 由序列 x 生成一个新的序列 y
% 按照 x 与 y 之间的一一对应关系生成一个新的点列,然后将其连接成线,生成的正弦曲线如图 3-2 所示
>> plot(x,y)
>> t = 0:0.1:2*pi;
>> y1 = cos(t);
>> y2 = 0.8*cos(t);
>> y3 = 0.6*cos(4*t);
>> plot(t,y1,t,y2,t,y3) % 在同一个图形窗口内生成三个不同的曲线图形,如图 3-3 所示
```

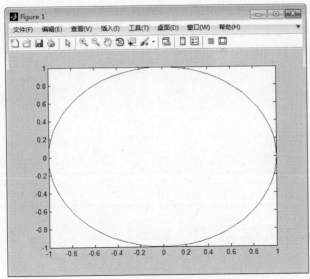

图3-1 绘制图形窗口及单位圆图形

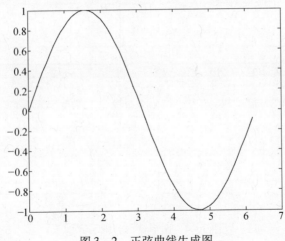

图3-2 正弦曲线生成图

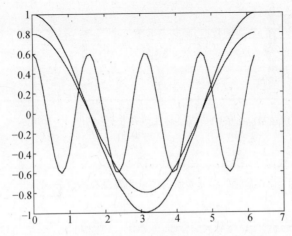

图3-3 在同一个窗口内绘制正弦、余弦曲线

例2 图形窗口分割的使用。

```
% subplot(m,n,p)表示把图形窗口分为 m×n 个绘图子区,在第 p 个绘图子区绘制图形,绘制子区的
编号按行方向编号
>> x = 0:0.1:2*pi;
>> subplot(2,2,1)
>> plot(x,sin(x))
>> subplot(2,2,2)
>> plot(x,sin(x) + cos(x))
>> subplot(2,2,3)
>> plot(x,sin(x).*cos(x))
>> subplot(2,2,4)
>> plot(x,cos(x))       % 绘制图形如图 3-4 所示
```

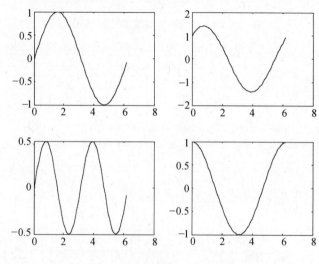

图 3-4 图形窗口分割示例

例3 特殊二维绘图。

```
% 根据某超市一年中每个月的营业额数据,画其条形图
>> x = 1:1:12;
>> y = [27900,30800,40300,45000,52700,57000,58900,52700,45000,40300,33000,
27900];
% bar(x,y)以 x 的值为横坐标,y 的值为纵坐标生成条形图,如图 3-5 所示
>> bar(x,y)
>> barh(x,y)    % 生成水平条形图,如图 3-6 所示
% pie(x,y)绘制扇形图,用于显示 y 中元素所占向量元素总和的百分比,如图 3-7 所示
>> pie(x,y)
>> stem(x,y)    % stem(x,y)绘制火柴杆图,如图 3-8 所示
>> scatter(x,y) % scatter(x,y)以(x,y)为坐标序列绘制散点图,如图 3-9 所示
```

```
>> theta = 0:0.01:6*pi;
>> rho = 5*sin(4*theta/3);
```
% polar(theta,rho)绘制极坐标曲线 $\rho=\rho(\theta)$,这里 $\rho=5\sin\left(\dfrac{4\theta}{3}\right)$ 在 $\theta\in[0,6\pi]$ 内的曲线
```
>> polar(theta,rho)   % 如图 3-10 所示
>> t = 0:0.1:2*pi;
>> x = cos(t);y = sin(t);
>> stem(t,x)   % 根据(t,x)序列点作出针状图,如图 3-11 所示
>> z = x+y*i;
```
% 将每一个数据点作为复数,以原点为起点,以箭头为终点作图
```
>> compass(z)   % 如图 3-12 所示
```

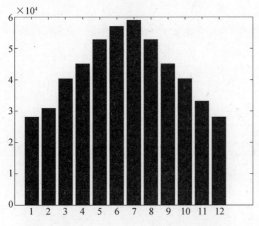

图 3-5　超市 12 个月营业额垂直条形图

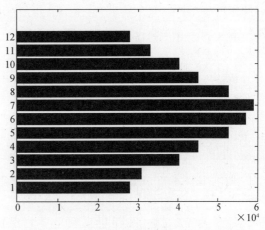

图 3-6　超市 12 个月营业额水平条形图

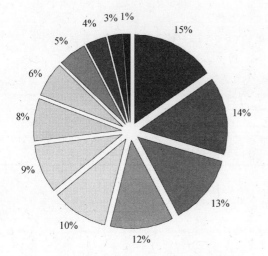

图 3-7　由 12 个月的营业额构成的扇形图

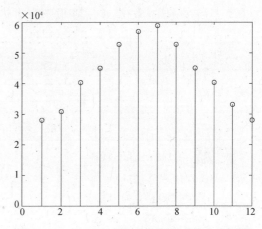

图 3-8　由 12 个月的营业额构成的火柴杆图

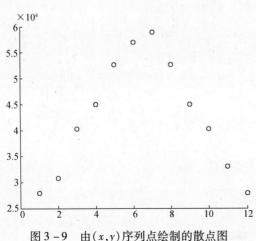
图3-9 由(x,y)序列点绘制的散点图

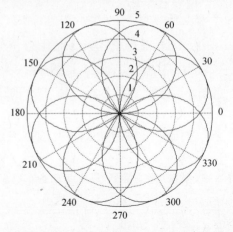
图3-10 由$\rho=5\sin\left(\dfrac{4\theta}{3}\right)$生成的极坐标曲线

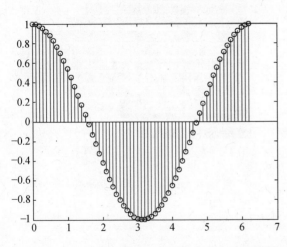
图3-11 由余弦函数在一个周期内产生的针状图

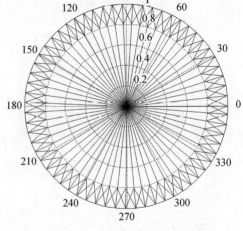
图3-12 起点在原点的羽毛状图

3.2 三维图形

MATLAB的三维绘图包括一般的三维曲线图、三维网格线图和三维曲面图。

例1 绘制三维曲线图。

```
>>t=0:0.1:6*pi;
>>x=3*cos(t);
>>y=4*sin(t);
>>z=5*t;
>>plot3(x,y,z)    % plot3(x,y,z)绘制以x为横坐标,y为纵坐标,z为竖坐标的空间曲
线。本例绘制的是以 x=3cost,y=4sint,z=5t(t∈[0,6π])为参数方程的空间螺旋曲线,
如图3-13所示
```

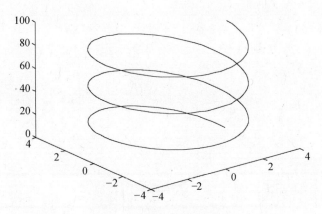

图 3-13 空间螺旋曲线图

例2 绘制三维网格线图。

```
>>x = -8:0.5:8;y = -8:0.5:8;
>>[X,Y] = meshgrid(x,y);      % meshgrid(x,y)生成由点列 x 与 y 构成的矩阵点列
>>Z = X.^2 + Y.^2;            % 旋转抛物面 Z = x² + y²
>>mesh(X,Y,Z)   % mesh(X,Y,Z)生成由点列(X,Y,Z)构成的网格线图,如图 3-14 所示
>>meshl(X,Y,Z)               % meshl(X,Y,Z)是在网格线图下绘出等高线,如图 3-15 所示
>>meshz(X,Y,Z)               % meshz(X,Y,Z)是在网格线图下绘出边界,如图 3-16 所示
```

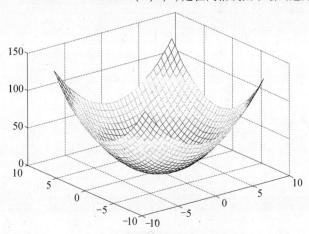

图 3-14 旋转抛物面的网格线图

例3 绘制三维曲面图。

```
% 曲面图就是把网格线图表面的网格围成的小片区域用不同的颜色填充,形成彩色表面
>>x = -1:0.2:2;y = -1:0.2:2;
>>[X,Y] = meshgrid(x,y);
>>Z = sqrt(8 - X.^2 - Y.^2);
% surf(X,Y,Z)用来绘制三维表面图,本例图形如图 3-17 所示。与 mesh 类似,亦有 surfl 与 surfz 函数
>>surf(X,Y,Z)
```

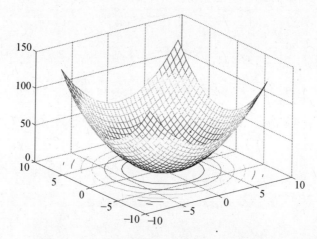

图 3-15 有等高线的旋转抛物面的网格线图

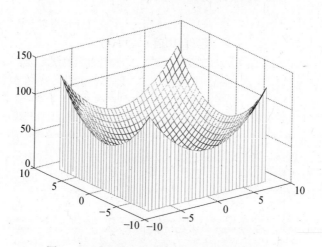

图 3-16 有边界的旋转抛物面的网格线图

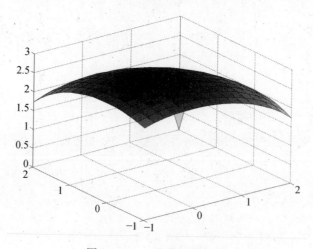

图 3-17 三维曲面图示例

例4 二次曲绘图。

% 椭圆锥面的参数方程为 $\frac{x^2}{a^2}+\frac{y^2}{b^2}=z^2$, 将其转化为参数方程为 $x=at\cos\theta, y=bt\sin\theta, z=t, t\in R, \theta\in[0,2\pi]$。这里取 $a=3, b=4, t\in[-1,1], \theta\in[0,2\pi]$ 进行作图

```
>> theta=0:pi/50:2*pi;t=-1:1/50:1;
>> [u,v]=meshgrid(theta,t);
>> x=3*v*cos(u);
>> y=4*v*sin(u);
>> z=v;
>> mesh(x,y,z)    % 图形如图3-18所示
```

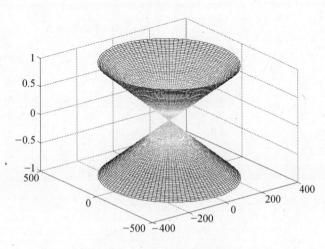

图3-18 椭圆锥面图

% 椭球面的方程为 $\frac{x^2}{a^2}+\frac{y^2}{b^2}+\frac{z^2}{c^2}=1$, 其参数方程为 $x=a\sin\varphi\cos\theta, y=b\sin\varphi\sin\theta, z=\cos\varphi, \varphi\in[0,\pi], \theta\in[0,2\pi]$, 这里取 $a=2, b=3, c=4, \varphi\in[0,\pi], \theta\in[0,2\pi]$ 进行作图

```
>> theta=0:pi/50:2*pi;phi=0:pi/100:pi;
>> [u,v]=meshgrid(theta,phi);
>> x=3*sin(v).*cos(u);
>> y=4*sin(v).*sin(u);
>> z=5*cos(v);
>> surf(x,y,z)    % 图形如图3-19所示
```

% 单叶双曲面的方程是 $\frac{x^2}{a^2}+\frac{y^2}{b^2}-\frac{z^2}{c^2}=1$, 其参数方程为 $x=a\sec u\cos v, y=b\sec u\sin v, z=c\tan u$, $u\in\left(-\frac{\pi}{2},\frac{\pi}{2}\right), v\in[0,2\pi]$, 这里取 $a=3, b=4, c=5$ 进行作图

```
>> ezmesh('3*sec(u)*cos(v)','4*sec(u)*sin(v)','5*tan(u)',[-pi/2,pi/2,0,2*pi])
```

% ezmesh(x,y,z,[smin,smax,tmin,tmax]) or ezsurf(x,y,z,[min,max]):使用指定的区域绘制参数网格曲面,ezsurf 具有类似的功能。本例图形如图3-20所示

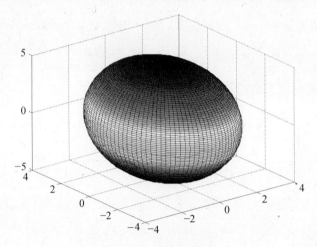

图 3-19 椭球面图

$x=4\sec(u)\cos(v), y=2\sec(u)\sin(v), z=3\tan(u)$

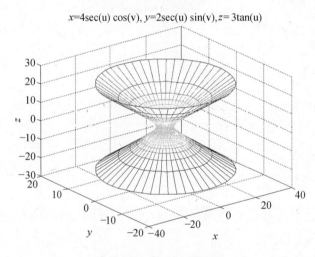

图 3-20 单叶双曲面图

% 双叶双曲面的方程是 $\dfrac{x^2}{a^2} - \dfrac{y^2}{b^2} - \dfrac{z^2}{c^2} = 1$,其参数方程为 $x = a\sec u, y = b\tan u\cos v, z = c\tan u\sin v$,

$u \in \left(-\dfrac{3\pi}{2}, \dfrac{\pi}{2}\right), v \in [0, 2\pi]$。本例取 $a = 3, b = 4, c = 5$ 进行作图

>>ezsurf('3*sec(u)','4*tan(u)*cos(v)','5*tan(u)*sin(v)',[-3*pi/2,pi/2, 0,2*pi]) % 如图 3-21 所示

% 椭圆抛物面的方程是 $\dfrac{x^2}{a^2} + \dfrac{y^2}{b^2} = z$。本例取 $a = 4, b = 7, x \in [-4, 4], y \in [-7, 7]$ 进行作图

>>syms x y

>>z = x^2/16 + y^2/49;

>>ezmesh(z,[-4,4,-7,7])   % ezmesh(f,domain):在指定的区间绘制函数 f,区间是 [xmin, xmax, ymin, ymax] 或者 [min, max] 形式,ezsurf 具有类似的功能。图形如图 3-22 所示

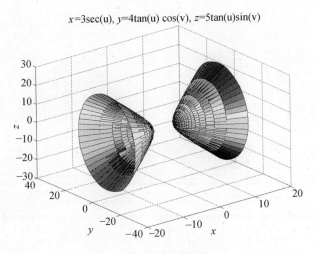

图 3-21 双叶双曲面图

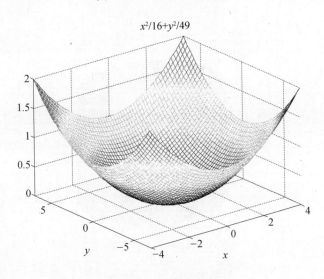

图 3-22 椭圆抛物面图

% 双曲抛物面(即马鞍面)的方程是 $\dfrac{x^2}{a^2}-\dfrac{y^2}{b^2}=z$。这里取 $a=7,b=5,x\in[-7,7],y\in[-5,6]$ 作图

```
>> syms x y
>> z=x^2/49-y^2/25;
>> ezsurf(z,[-7,7,-5,6])    % 图形如图 3-23 所示
```

% 椭圆柱面的方程是 $\dfrac{x^2}{a^2}+\dfrac{y^2}{b^2}=1$,其参数方程为 $x=a\cos t,y=b\sin t,z=z,t\in[0,2\pi],z\in \mathbf{R}$。本例取 $a=8,b=9,z\in[-1,3]$ 进行作图

```
>> ezsurf('8*cos(t)','9*sin(t)','z',[0,2*pi,-1,3])    % 图形如图 3-24 所示
```

% 双曲柱面的方程是 $\dfrac{x^2}{a^2}-\dfrac{y^2}{b^2}=1$,其参数方程为 $x=a\sec t,y=b\tan t,z=z,t\in[0,2\pi],z\in \mathbf{R}$。本例取 $a=5,b=6,t\in\left(-\dfrac{3\pi}{2},\dfrac{\pi}{2}\right),z\in[0,2]$ 作图

```
>> ezmesh('5*sec(t)','6*tan(t)','z',[-3*pi/2,pi/2,0,2])    % 图形如图 3-25 所示
```

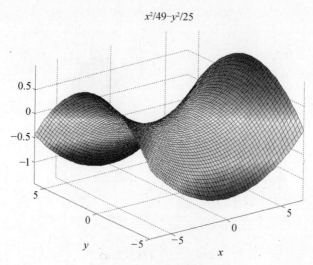

图 3-23 双曲抛物面图

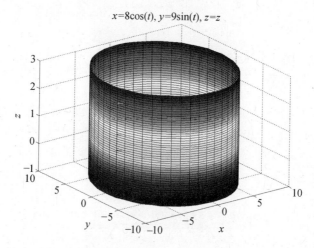

图 3-24 椭圆柱面图

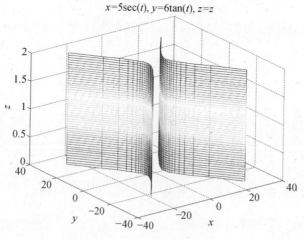

图 3-25 双曲柱面图

% 抛物柱面的方程是 $z=ax^2$。这取 $a=4, x\in[-7,7], y\in[-7,7]$ 进行作图
>> [x,y]=meshgrid(-7:0.2:7);
>> z=4*x.^2;
>> mesh(x,y,z)   % 图形如图 3-26 所示

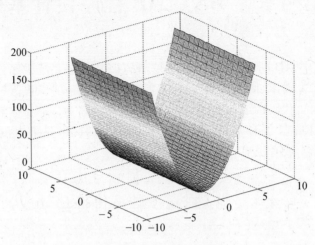

图 3-26 抛物柱面图

第四章 MATLAB 程序设计基础

本章将涉及的 MATLAB 程序设计体系是 MATLAB 的重要组成部分之一，MATLAB 为用户提供了数据输入输出、函数调用、条件控制等高效、完备的编程语言体系。

MATLAB 的语言代码构成的程序文件，由于其扩展名为.m，故称其为 M 文件。M 文件有两种形式：M 脚本文件和 M 函数文件。两者最大的区别是前者没有输入输出，而后者可以接受输入输出或者没有。

4.1 MATLAB 程序设计结构

一般地情况下，计算机编程语言根据编程语句的控制结构流程来执行命令语句。MATLAB 支持各种流程语句，如顺序结构、条件结构和循环结构等。另外，MATLAB 还支持一种新的流程控制结构——开关结构。

在"主页"对话框中，依次选择"新建→脚本"或"新建→函数"就可以打开"脚本文件编辑器"或"函数文件编辑器"，函数文件编辑框如图 4-1 所示。在这个编辑器窗口中，"output_args"是可编辑的输出参数，而"input_args"是可编辑的输入参数，"Untitled"是可编辑的函数名称。

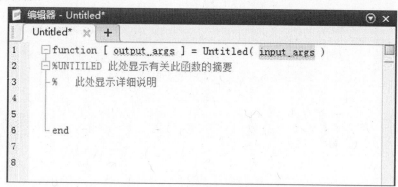

图 4-1 函数文件编辑器窗口

4.1.1 顺序结构

顺序结构是指按从前到后的顺序逐一执行命令语句，直到程序的最后一个命令语句。

例 1 函数文件建立及顺序控制流程语句。

```
function [ output_args ] = circle_area( r )
```

```
% circle_area 是计算圆面积函数的名称
% 函数说明:当输入圆的半径给参数 r,经过计算后输出圆的面积
r = input('请输入圆的半径:\n');   % 数据输入命令,并将该数据赋给参数 r
s = pi * r^2;   % 计算圆的面积
disp(['圆的面积为 s = ',num2str(s)]);   % 输出字符串"圆的面积为 s ="与面积值
end
```

函数语句说明:(1)在这个函数文件中,没有设置输出参数,设置了函数名称为 circle_area,设置了一个输入参数 r。

(1) input 是 MATLAB 的数据输入函数,它的两种用法示例如下。

```
>> A = input('提示输入数据给变量A:')   % 这里是将数值数据赋给变量 A
提示输入数据给变量A:eye(3)
A =
     1     0     0
     0     1     0
     0     0     1
>> A = input('提示输入数据给变量A:','s')   % 's'是 input 函数仅有的一个选项,它规定仅能对变量 A 赋值为字符串
提示输入数据给变量A:eye(3)
A =
eye(3)
```

在第 4 行中的符号"\n"是转义字符,它的作用是换行。一些常用的转义字符及其功能如表 4-1 所示。

表 4-1 转义字符及其功能描述

转义字符	功能描述	转义字符	功能描述	转义字符	功能描述
''	单引号	%%	百分比字符	\\	反斜杠
\l	报警	\b	退格	\f	换页
\n	换行	\r	回车	\t	水平制表符
\v	垂直制表	\xN	十六进制数 N	\N	八进制数 N

(2) disp 是 MATLAB 的输出函数,它的调用格式为 disp(输出项)。其中输出项可以是字符串,也可以是矩阵。例如:

```
>> A = 'Hello, boys and girls!';
>> disp(A)
Hello, boys and girls!
>> disp(pi)
    3.1416
>> B = [1 3 9;2 4 5];
>> disp(B)
     1     3     9
     2     4     5
>> C = ['I am a','student'];
```

```
>> disp(C)
I am a student
```

当在命令行窗口输入函数文件名 circle_area 或单击函数文件编辑器窗口的"运行"按钮,就可以运行这个函数,其过程如下:

```
>> circle_area              % 运行函数 circle_area
   请输入圆的半径:          % 首先函数会输出这个字符串
   13                       % 用户输入的半径
   圆的面积为 s=530.9292    % 函数输出的字符串及圆的面积值
```

用户在程序运行时,有时需查看程序的中间结果或输出的图形,暂停程序的执行是必要的。这时可以在程序中调用 pause 函数,其调用的格式为 pause(需延迟的秒数)。如果省略延迟的秒数,则将暂停程序,直到用户按任一键后程序继续执行。

若要强行中止程序的运行,可按 Ctr + C 键。

4.1.2 条件选择结构

在 MATLAB 程序中,如果有选择的意图,就需要用条件选择语句来执行。其关键字包括 if、elseif、else、end 和 switch、case 两组。前者一般称为条件语句,而后者称为开关语句。

1. 条件选择语句 if…elseif…else…end 的流程结构语法

```
if 条件 1
    语句段 1
elseif 条件 2
    语句段 2
elseif 条件 3
    语句段 3
    …
elseif 条件 n
    语句段 n
else
    语句段 n+1
end
```

注:流程结构中 elseif 条件语句段与 else 语句段均是可选项。

例 2 编程实现两个实数的大小排序(按从小到大的顺序)。

对两个实数排序的 MATLAB 代码如下:

```
function [ output_args ] = sort2( x1,x2 )
% 对两个给定的实的数进行按从小到大的顺序排序输出
x1 = input('请输入第一个实数:');
x2 = input('请输入第二个实数:');
if x1 > x2
    t = x1;
    x1 = x2;
```

```
    x2 = t;
end
disp([x1,x2]);
end
```

运行程序如下:
```
>> sort2
请输入第一个实数:5
请输入第二个实数:3
    3    5
```

例3 编程实现符号函数 $\mathrm{sgn}(x) = \begin{cases} 1, & x > 0 \\ 0, & x = 0 \\ -1, & x < 0 \end{cases}$ 的求值计算。

其实现的 MATLAB 代码如下:
```
function [ y ] = sgn( x )
x = input('请输入一个数值给 x:');
if x > 0
    y = 1;
elseif x == 0
    y = 0;
else
    y = -1
end
end
```

运行程序如下:
```
>> y = sgn    % 将函数值赋值给变量 y
请输入一个数值给 x:3
y =
    1
>> sgn
请输入一个数值给 x:-3
ans =
    -1
>> sgn
请输入一个数值给 x:0
ans =
    0
```

2. 开关语句 switch…case…end 的一般调用格式
```
switch 表达式
    case 表达式取值 1
        语句段 1
    case 表达式取值 2
        语句段 2
```

```
    ...
    case 表达式取值 n
        语句段 n
    otherwise
        语句段 n+1
end
```

例 4 编程实现一周内 7 天的中英文互译。

这个问题的 MATLAB 代码如下：

```
function [ output_args ] = week( day )
% 实现一周内 7 天的中英文互译
% 输入的合法数据是中文则将其译成英文,反之则译成中文
day = input('请输入一周内的一天(Please input a day of the week):','s');
switch day
    case{'星期一','monday'}
        if  isequal(day,'星期一')
            disp('monday');
        else
            disp('星期一');
        end
    case{'星期二','tuseday'}
        if  isequal(day,'星期二')
            disp('tuseday');
        else
            disp('星期二');
        end
    case{'星期三','wednesday'}
        if  isequal(day,'星期三')
            disp('wednesday');
        else
            disp('星期三');
        end
    case{'星期四','thursday'}
        if  isequal(day,'星期四')
            disp('thursday');
        else
            disp('星期四');
        end
    case{'星期五','friday'}
        if  isequal(day,'星期五')
            disp('friday');
        else
            disp('星期五');
```

```
            end
        case{'星期六','saturday'}
            if  isequal(day,'星期六')
                disp('saturday');
            else
                disp('星期六');
            end
        case{'星期日','sunday'}
            if  isequal(day,'星期日')
                disp('sunday');
            else
                disp('星期日');
            end
        otherwise
            disp('输入的数据不合法');
end
t = input('是否继续翻译？若是,请输入 y,否则输入 n：',′s′);
if t = ='y'
    week      % 函数的自我调用
end
if t = ='n'
    return     % 终止程序运行
end
end
```

这个程序的运行示例如下：

```
> > week
请输入一周内的一天(Please input a day of the week):sunday
星期日
是否继续翻译？若是,请输入 y,否则输入 n:y
请输入一周内的一天(Please input a day of the week):星期三
wednesday
是否继续翻译？若是,请输入 y,否则输入 n:y
请输入一周内的一天(Please input a day of the week):星期八
输入的数据不合法
是否继续翻译？若是,请输入 y,否则输入 n:y
请输入一周内的一天(Please input a day of the week):friday
星期五
是否继续翻译？若是,请输入 y,否则输入:n
```

4.1.3 循环结构

循环控制结构语句用于重复执行某段程序代码,可通过循环条件来控制循环的次数。

循环语句有 for…end 和 while…end 两组,这些循环语句可以相互嵌用。

1. for…end 循环语句的一般用法

for n = 1:k
　　语句段
end

例5　请利用 for 语句编程计算 1!+2!+…+n! 的值。

MATLAB 代码书写如下:

```
function [ sum ] = sumfact( n )
sum = 0;
s = 1;
for i = 1:n
    s = s * i;
    sum = sum + s;
end
end
```

运行程序示例如下:

```
>> sumfact(3)
ans =
    9
>> sumfact(8)
ans =
    46233
```

2. while…end 循环语句的一般用法

while 表达式
　　语句段
end

例6　计算从键盘输入的所有数值之和及它们的平均值,当键入 0 时结束数值输入。

这个问题的 MATLAB 程序如下:

```
function [ output_args ] = summean( input_args )
sum = 0;
n = 0;
x = input('键入非零数字(键入数字 0 结束):');
while(x ~= 0)
    sum = sum + x;
    n = n + 1;
    x = input('键入非零数字(键入数字 0 结束):');
end
if (n > 0)
    disp(['键入的所有数字之和为:',num2str(sum)]);
    disp(['键入的所有数字的平均值为:',num2str(sum/n)]);
```

```
end
end
```

运行上面的程序示例如下:
```
>> summean
```
键入非零数字(键入数字0结束):82
键入非零数字(键入数字0结束):99
键入非零数字(键入数字0结束):202
键入非零数字(键入数字0结束):435
键入非零数字(键入数字0结束):678
键入非零数字(键入数字0结束):0
键入的所有数字之和为:1496
键入的所有数字的平均值为:299.2

在循环流程中,根据条件有可能会考虑结束本次循环(即跳过循环体内该语句之后的所有语句,直接进入下一个循环的执行判断),这时需用 continue 语句。若要终止 for 或 while 循环(即跳出本层循环,而不跳出外层循环)需用 break 语句。

例7 所谓的三位水仙花数是指满足条件 $abc = a^3 + b^3 + c^3$ 的实数 abc。请编程求出所有的三位水仙花数。

这个问题的 MATLAB 程序如下:
```
function [ output_args ] = shuixian( input_args )
for i =100:999
    a = floor(i/100);
    b = floor((i-a*100)/10);
    c = i-a*100-b*10;
if a^3+b^3+c^3 ~= i
continue     % 不满足条件的数直接进入下一次的循环执行
else
        disp([num2str(i),' ']);
end
end
end
```

运行这个程序的结果如下:
```
>> shuixian
153
370
371
407
```

例8 请编程寻找在[255,401]内前3个能被7整除的数。

由于这个问题可以不用输入输出项,因此采用脚本文件进行编码实现,为其命名为 divideseven。MATLAB 代码如下:
```
n = 0;
for i =255:401
```

```
    if mod(i,7) ~ = 0
       continue
    else
         n = n + 1;
         disp([n,i]);
    end
    if n = = 3
       break
    end
end
```

运行上面的脚本文件示例如下：
```
> > divideseven
    1    259
    2    266
    3    273
```

 4.1.4 错误控制结构

MATLAB 提供了 try…catch…end 错误控制结构来捕获和处理错误。它的语法格式如下：
```
try
  语句段 1
catch
  语句段 2
end
```

在程序运行时，首先尝试运行语句段 1，如果没有发生错误，则不执行语句段 2，而是继续执行 end 之后的程序代码。若在执行语句段 1 的过程中产生错误，则立即执行语句段 2，然后继续执行 end 之后的程序代码。

例 9 编程实现两个输入矩阵的横向合并与纵向合并，若不能进行合并，则给出错误信息。

这个问题的 MATLAB 程序代码如下：
```
function [ out_args ] = merge( A,B )
% 对两个输入的矩阵进行尝试性合并
% 两个矩阵若能合并则输出合并结果,若不能合并则给出错误信息
t = 0;
try
    C = [A;B];  % 将两个矩阵进行纵向合并
catch
    disp('两个矩阵的列数不一致,无法进行纵向合并。');
    t = 1;
end
```

```
if t = = 0
    disp('这两个矩阵纵向合并结果为');
    C
end
t = 0;
try
    D = [A,B];  % 将两个矩阵进行横向合并
catch
    disp('两个矩阵的行数不一致,无法进行横向合并。');
    t = 1;
end
if t = = 0
    disp('这两个矩阵横向合并结果为');
    D
end
end
```

运行这个程序的示例如下:

```
>> A = [1 2 3;4 5 6];
>> B = [7 8 9;10 11 12];
>> merge(A,B)
```
这两个矩阵纵向合并结果为
C =
     1   2   3
     4   5   6
     7   8   9
    10   11   12

这两个矩阵横向合并结果为
D =
     1   2   3   7   8   9
     4   5   6   10   11   12

```
>> E = [2 3 4;4 6 8];
>> F = [1 2;3 4;5 6];
>> merge(E,F)
```
两个矩阵的列数不一致,无法进行纵向合并。
两个矩阵的行数不一致,无法进行横向合并。

4.2 层次分析法

　　层次分析法是指将决策问题的有关元素分解成目标、准则、方案等层次,在此基础上进行定性和定量分析的一种决策评估方法。层次分析法的理论形式有许多,本节以文献[24]中的层次分析理论为依据,以解决其中的案例为目的,用 MATLAB 的程序代码为工

具,编写具体的 MATLAB 程序代码如下:

```
function [s] = AHPf
disp('请输入准则层的判断矩阵:');
A = input('A = ');
w = Calculation( A );
k = input('请输入方案层矩阵的个数:');
count(1) = 0;
we = [];
for i = 1:k
    fprintf('请输入第% d 个方案的完整判断矩阵 \nB% d = \n',i,i);
    B = input('');
    [c(i),c(i)] = size(B);
    count(i +1) = count(i) + c(i);
    [wt,CI(i),R(i)] = Calculation(B);
    we = [we wt];
end
CR = (w * CI')/(w * R')
if CR < 0.1
    disp('层次总排序通过一致性检验!');
    for i = 1:k
        for j = count(i) +1:count(i +1)
            s(j) = w(i) * we(j);
        end
    end
else
    disp('层次总排序未通过一致性检验,请重新调整各判断矩阵!');
    return
end
end


function [w,CI,R] = Calculation( A )
[n,n] = size(A);
% 找到 M 的所有的特征根和对应的特征向量
[EigenVectors, EigenValues] = eig(A);
% 把特征根写成向量形式
DiagonalVal = diag(EigenValues);
% 把最大的特征值和对应的下标找到
[MaxEigenValue, Index] = max(DiagonalVal);
% 找到最大的特征值对应的特征向量
MaxEigenVector = EigenVectors(:,Index);
s = 0;
```

```
for i =1:n
    s =MaxEigenVector(i)+s;
end
for i =1:n
    w(i)=MaxEigenVector(i)/s;
end
RI =[0 0 0.58,0.90,1.12,1.24,1.32,1.41,1.45];
R =RI(n);
CI =(MaxEigenValue-n)/(n-1);
CR =CI/RI(n)
if (CR<0.1)|(n<3)
    disp('判断矩阵通过一致性检验!');
else
    disp('判断矩阵未通过一致性检验,请重新调整判断矩阵!');
    return
end
w
end
```

根据文献[24]中的数据,运行上面的程序示例如下:

```
>> AHPf1
请输入准则层的判断矩阵:
A =[1 3 1/2 4;1/3 1 1/5 2;2 5 1 6;1/4 1/2 1/6 1];
CR =
    0.0126
判断矩阵通过一致性检验!
w =
    0.2928    0.1137    0.5219    0.0715
请输入方案层矩阵的个数:4
请输入第1个方案的完整判断矩阵
B1 =
[1 2 4;1/2 1 3;1/4 1/3 1];
CR =
    0.0158
判断矩阵通过一致性检验!
w =
    0.5584    0.3196    0.1220
请输入第2个方案的完整判断矩阵
B2 =
[1 1/4 1/3;4 1 3;3 1/3 1];
CR =
    0.0634
```

判断矩阵通过一致性检验!
w =
    0.1172   0.6144   0.2684
请输入第 3 个方案的完整判断矩阵
B3 =
[1 1/5 1/4 1/3;5 1 2 3;4 1/2 1 3;3 1/3 1/3 1];
CR =
    0.0399
判断矩阵通过一致性检验!
w =
    0.0713   0.4633   0.3132   0.1522
请输入第 4 个方案的完整判断矩阵
B4 =
[1 2;1/2 1];
CR =
    NaN
判断矩阵通过一致性检验!
w =
    0.6667   0.3333
CR =
    0.0363
层次总排序通过一致性检验!
ans =
  Columns 1 through 6
    0.1635   0.0936   0.0357   0.0133   0.0699   0.0305
  Columns 7 through 12
    0.0372   0.2418   0.1635   0.0794   0.0477   0.0238

4.3 数据的输入/输出

为了实现各种不同格式文件的读写工作,MATLAB 提供了一系列用于文件输入/输出的底层函数,使用这些函数用户可以很方便地实现各种格式文件的读写工作。对文件进行底层操作时,一般有打开文件、读写数据和关闭文件 3 个步骤。

对文件进行读或写操作之前必须先打开文件,在 MATLAB 中用 fopen 命令打开文件。其具体的函数调用格式为

[fid,message] = fopen('filename','mode')

其中 fid 是标识打开文件是否成功的参数。fid = −1 表示打开文件失败,并返回错误信息 message;fid > 0 表示文件打开成功,同时不返回任何信息 message;filename 是待打开的文件名,参数 mode 是将要对打开文件进行操作的方式。打开文件的方式有许多,其具体的方式如表 4 − 2 所示。

表4-2 文件打开方式的参数及其功能描述

参数	功能描述	参数	功能描述
r	以只读方式打开文件	r+	以可读可写方式打开文件
w	以只写方式打开文件,并覆盖原来的内容	w+	创建一个新文件或清除已有的文件内容,并进行读写操作
a	以追加方式打开文件,在文件尾部增加数据	a+	以可读和追加方式打开文件,如果文件不存在,则创建该文件
W	以只写方式打开文件,写的过程不自动刷新文件内容,当关闭文件时保存所写数据	A	以追加方式方式打开文件,写的过程中不自动刷新文件内容,当关闭文件时保存所写数据

本节主要介绍 MATLAB 如何对 TXT 文件进行读写。

fgetl 和 fgets 常用于 TXT 文件的字符串读取,而 fscanf 常用于 TXT 文件数据的格式化读取。

fgetl 函数的调用格式为

```
tline = fgetl(fid)
```

fgetl 函数用于按行读取 TXT 文本的的字符串且不保留换行符。fgets 函数的功能和用法与 fgetl 基本相同,不同的是 fgets 函数保留换行符。

fscanf 函数可以读取 TXT 文件的内容,并按指定格式存入矩阵。其调用格式为

```
[A,count] = fscanf(fid,format,size)
```

说明:其中 A 用来存放读取的数据,count 返回所读取的数据元素个数,format 用来控制读取的数据格式,由%加上格式符组成,常见的格式符有:d(整型)、f(浮点型)、s(字符串型)、c(字符型)等,在%与格式符之间还可以插入附加格式说明符,如数据宽度说明等。size 为可选项,决定矩阵 A 中数据的排列形式,它可以取下列值:n(读取 n 个元素到一个列向量)、inf(读取整个文件)、[m,n](读数据到 m×n 的矩阵中,数据按列存放)。

fprintf 函数可以将数据按指定格式写入到 TXT 文件中。其调用格式为

```
fprintf(fid,format,A)
```

说明:fid 为文件句柄,指定要写入数据的文件,format 是用来控制所写数据格式的格式符,与 fscanf 函数相同,A 是用来存放数据的矩阵或变量。

如果已完成了对已打开文件的读或写的操作,这时需要关闭文件,否则会浪费系统资源。关闭文件的函数是 fclose,通常与 fopen 函数配套使用。fclose 函数调用格式为

```
status = fclose(fid)
status = fclose('all')
```

在以上命令中,当函数返回 0 时表示成功关闭文件;返回 -1 时表示关闭文件过程中发生错误。第 1 个命令表示根据参数 fid 关闭文件,第 2 个命令表示关闭所有已打开文件。

例1 test.txt 的内容如下:

编号	名称	等级	药效
102	黄胆	1	0.7
103	苟杞	2	0.6
101	人参	6	0.3
104	猪砂	3	0.6
105	灵芝	1	0.7

请读入该文件的内容,并将内容详细地写入到 output.txt 上。

程序代码如下:

```
fid = fopen('test.txt','r');   % 以只读的方式打开 text.txt 文件
fidout = fopen('output.txt','wt');  % 以追加写的方式创建 txt 输出文件
n = 0;    % 行的计数器
while ~feof(fid)   % 判断 fid 文件的内容是否结束
    nline = fgetl(fid);  % 按行读取 fid 的内容
    n = n + 1;
    fprintf(fidout,'第% d 行的内容为: \n',n);
fprintf(fidout,'% s',nline);
    fprintf(fidout,'\n');
end
fclose(fid);
fclose(fidout);
```

程序的输出结果如下:

第 1 行的内容为:
编号   名称   等级   药效
第 2 行的内容为:
102   黄胆   1   0.7
第 3 行的内容为:
103   苟杞   2   0.6
第 4 行的内容为:
101   人参   6   0.3
第 5 行的内容为:
104   猪砂   3   0.6
第 6 行的内容为:
105   灵芝   1   0.7

例 2　001.txt 文件的内容如下:

14,72,83,99,27
39,77,68,47,93
76,104,932,666,72

请读入该文件的数据并显示输出。

程序代码如下:

```
fid = fopen('32.txt','r');
data = fscanf(fid,'% f,% f,% f,% f,% f',[5,inf])
fclose(fid);
```

程序运行结果如下:

```
data =
    14    39    76
    72    77   104
    83    68   932
    99    47   666
    27    93    72
```

第五章 Notebook 的应用

Notebook 是集 Microsoft Word 的文字处理功能和 MATLAB 的科学计算、图形演示、工程设计等功能于一身的工作环境。它是一款具备完善文字编辑功能的科技应用软件。

由 MATLAB Notebook 制作的 Word 文件称为 M-book 文档。本章将简单介绍 Notebook 的一些基本应用方法,主要内容包括输入/输出细胞、Notebook 菜单选项以及 M-book 的编辑使用。

5.1 Notebook 的启动与菜单命令

Notebook 只有在安装之后才能够启动使用。在 MATLAB 命令窗口输入"notebook -setup",然后根据提示就可以安装 Notebook 了。安装之后,在命令窗口输入"notebook"可以新建一个 M-book 文档,或者打开 M-book 文档即可启动 notebook。本节以 Microsoft Office Word 2013 为例,新建或者启动 M-book 文档后,在文档菜单栏的右侧会有"加载项"。单击"加载项"会弹出一个下拉菜单,如图 5-1 所示。

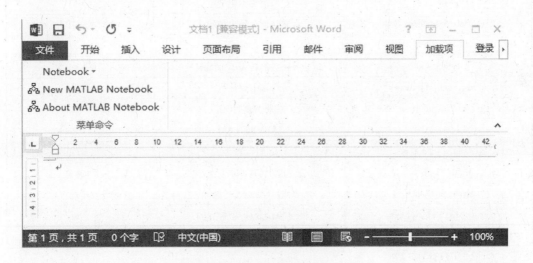

图 5-1　M-book 文档窗口

用户可以通过"加载项"对 M-book 进行初始化设置或对文本进行编辑操作。单击"加载项"中的"Notebook"就会弹出如图 5-2 所示的与 M-book 编辑操作有关的菜单命令,与菜单命令相应的功能描述如表 5-1 所示。

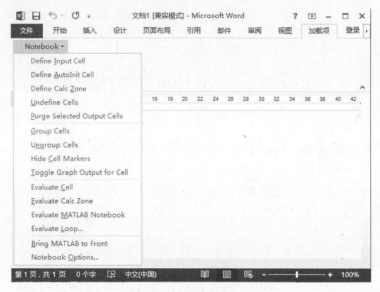

图 5-2 Notebook 菜单命令

表 5-1 Notebook 的菜单命令功能描述

菜单命令	功能描述	组合键
Define Input Cell	定义输入细胞	Alt + D
Define AutoInit Cell	定义自初化细胞	Alt + A
Define Calc Zone	定义计算区	Alt + Z
Undefine Cells	取消细胞定义	Alt + U
Purge Selected Output Cells	删除选择输出细胞	Alt + P
Group Cells	定义细胞群	Alt + G
Ungroup Cells	将细胞群转为单个细胞	Alt + P
Hide Cell Markers	隐藏细胞标志	Alt + C
Toggle Graph Output for Cell	嵌入生成的图形	
Evaluate Cell	运行细胞(群)	Ctrl + Enter
Evaluate Calc Zone	运行计算区	Alt + Enter
Evaluate MATLAB Noteboob	运行整个 M-book 文件	Alt + M
Evaluate Loop…	对输入细胞循环求值	Alt + L
Bring MATLAB to Front	将 MATLAB 调到前台运行	
Notebook Options	输出细胞的格式控制选项	Alt + O

当单击"Notebook Options"时,就会弹出如图 5-3 所示的输出细胞的格式控制选项窗口。

其中"Format"的下拉菜单用来设置数字结果的输出格式;"Loose"或"Compact"用来控制输出细胞与输入细胞之间的空行;"Figure options"用来设置是否在 M-book 文档中嵌入图形、图形的度量单位、宽与高;"Stop evaluationg on error"用来设置是否停止"出错提示"。

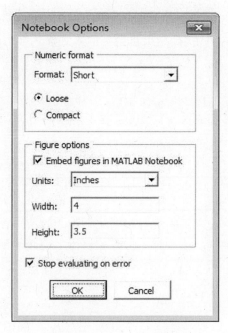

图 5-3 Notebook 选项框

单击"加载项"中的"New MATLAB Notebook"可以新建一个 M-book 文档;单击"About MATLAB Notebook"可以查看用户的 MATAB 及 Word 的版本信息。

5.2 Notebook 的使用

在 M-book 文件中,凡是参与 Word 和 MATLAB 之间交换信息的部分就称为细胞(cells)或者细胞群(group cell)。由 M-book 送向 MATLAB 的指令称为输入细胞(input cells),而由 MATLAB 返回 M-book 的执行结果称为输出细胞(output cells)。输入细胞可以单独存在,但输出细胞必须依赖输入细胞而存在。

M-book 中所有需要激活(或者需要执行)的指令与 MATLAB 的命令、函数、程序代码、变量命名等的要求完全一致,要特别注意的是不要把中文标点混杂在文档的指令中,否则会产生错误。

只要掌握了表 5-1 的各项命令功能及其操作过程就可以对 M-book 文档进行编辑与使用。下面的内容都是在 M-book 文档中进行编辑的。

(1)要特别注意,输入细胞(群)的标点与符号必须在英文状态下输入。例如在 M-book 文档中输入 MATLAB 指令:

3+4

(2)选中上述的指令"3+4",选择 Define Input Cell 命令或直接按组合键"Alt+D",则这个指令被激活成如下的输入细胞,文字颜色将呈现为绿色,但它并不被执行,同样也不会输出任何结果。

3+4

(3) 若需要输出结果,选择中指令之后,选择"Evaluate Cell"或直接按组合键"Ctrl + Enter",输入细胞被激活的同时,执行结果也会被嵌入到输入细胞的下方,例如:
```
sin(4)
ans =
    -0.7568
```
注:Notebook 的所有定义(或执行)方式与输入细胞的定义(或执行)方式基本类似,以下不再赘述。

(4) 自初始化细胞是一个具有自动指定功能的输入细胞,与输入细胞的区别在于:当 M-book 文档启动时,其所包含的所有自初始化细胞会自动被送去计算,而输入细胞不具有此项功能。

(5) 把已有的多个独立输入细胞或自初始化细胞同时选中,选择"Group Cells"命令,这样就定义了一个输入细胞群。输入细胞群在被执行之前必须被选中。输入细胞群的执行示例如下面的作图语句所示。
```
x = 0:0.1:10;
y = sin(x) - exp(-x);
plot(x,y)
```

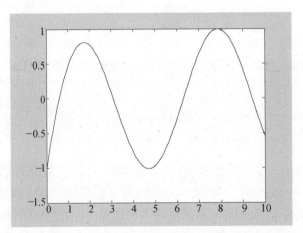

(6) Notebook 中的计算区是指包含普通 Word 文本、输入细胞和输出细胞的一个连续区域,其可以被当作一个整体被送去运行。例如,演示文稿中需要实时计算并显示结果的某部分就常被定义为计算区。

(7) 如需整个 M-book 文档一起运行,可使用"Evaluate MATLAB notebook"命令,它将使得整个 M-book 文档从头开始执行一直依次运行下去。这样就可以对整个文档进行一次刷新,把新的输出细胞补充进来。这条指令可以保证整个文件的所有指令、数据、图形保持一致的输出。

(8) 若需删除 M-book 文档中的所有输出细胞,只需选中整个文档,然后选择"Purge Selected Output Cells"命令即可。

(9) 在 M-book 文档中,无论是输入细胞还是输出细胞都有明显的标识:英文状态下的中括号"[ ]"。若想隐藏文档中的标识,只需选择"Hide Cell Markers"命令即可,当然也可以选择"Show Cell Markers"来恢复标识。

（10）Notebook Options 的对话框选项可以对所有的输出细胞包括图形、数据、错误提示、输出数据的有效数字、图形的大小进行设置,由于这个对话框的使用比较简单,故这里不再叙述。

使用 Notebook 时,需要注意以下两点:

（1）MATLAB 指令在 M-book 中的运行速度要比在 MATLAB 命令行窗口中的速度慢得多。

（2）不管一条指令多长,只要不是"回车"换行,总可以直接按组合键执行。

参 考 文 献

[1] 张笑天,杨奋强. MATLAB 7.x 基础教程[M]. 西安:西安电子科技大学出版社,2008.
[2] 陈杰,等. MATLAB 宝典[M]. 2 版. 北京:电子工业出版社,2009.
[3] 薛定宇,陈阳泉. 高等应用数学问题的 MATLAB 求解[M]. 清华大学出版社,2004.
[4] 董君. MATLAB 语言的特点与应用[J]. 吉林省经济管理干部学院学报,2009,23(5):60 – 63.
[5] 樊启斌,李虹. MATLAB 语言的功能、特点及其应用[J]. 测绘信息与工程,2000(4):29 – 32,37.
[6] 任玉杰. 数值分析及其 MATLAB 实现[M]. 北京:高等教育出版社,2007.
[7] 阳明盛,熊西文,林建华. MATLAB 基础及数学软件[M]. 大连:大连理工大学出版社,2003.
[8] (美)Gerald Recktenwald. 数值方法和 MATLAB 实现与应用[M]. 伍卫国,万群,张辉,等译. 北京:机械工业出版社,2004.
[9] 江世宏. MATLAB 语言与数学实验[M]. 北京:科学出版社,2007.
[10] 周品,等. MATLAB 数学计算与仿真应用[M]. 北京:电子工业出版社,2013.
[11] 闻新,周露,张鸿. MATLAB 科学图形构建基础与应用(6.X)[M]. 北京:科学出版社,2002.
[12] 吴鹏. MATLAB 高效编程技巧与应用:25 个案例分析[M]. 北京:北京航空航天大学出版社,2010.
[13] 温正. MATLAB 8.0 从入门到精通[M]. 北京:清华大学出版社,2013.
[14] 褚洪生,杜增吉,阎金华,等. MATLAB 7.2 优化设计实例指导教程[M]. 北京:机械工业出版社,2006.
[15] 王正林,刘明,陈连贵. 精通 MATLAB[M]. 3 版. 北京:电子工业出版社,2012.
[16] 陈超,等. MATLAB 应用实例精讲—数学数值计算与统计分析篇[M]. 北京:电子工业出版社,2013.
[17] 张德丰,雷晓平,周燕. MATLAB 基础与工程应用[M]. 北京:清华大学出版社,2011.
[18] 闻新,高吕扬,舒坚. MATLAB 8.0 基础与实例教程[M]. 北京:国防工业出版社,2012.
[19] 肖伟,刘忠,曾新勇,等. MATLAB 程序设计与应用[M]. 北京:中国铁道出版社,2013.
[20] 王薇. MATLAB 从基础到精通[M]. 北京:电子工业出版社,2012.
[21] 阮沈勇,王永利,桑群芳. MATLAB 程序设计[M]. 北京:电子工业出版社,2003.
[22] 李海涛,邓樱. MATLAB 程序设计教程[M]. 北京:高等教育业出版社,2002.
[23] 刘卫国. MATLAB 程序设计与应用[M]. 2 版. 北京:高等教育出版社,2006.
[24] 孙昌琦. 层次分析法在供应商评估与选择中的应用[J]. 科技信息,2006(8):107 – 109.

第二篇
运筹学案例的 LINGO 软件求解

　　运筹学是起源于20世纪30年代末的一门应用学科。运筹学在自然科学与社会科学、工程技术与生产实践、经济建设及营销管理等领域中有着重要的作用。随着计算机技术的不断发展进步,运筹学得到了迅速发展和更广泛的应用。然而在大学课堂上,多数教师往往比较侧重运筹学的基本原理和算法方面的讲授,过于强调数学公式及其推导过程,较少使用计算机软件,这在很大程度上限制了学生在实践中应用运筹学知识解决实际问题。

　　本篇内容从实际应用出发,利用 LINGO 软件对多种类型的运筹学案例进行求解。通过本篇的学习,学生即使不了解运筹学的求解原理也能解决多类运筹学问题。

第六章 LINGO 软件的使用简介

LINGO(Linear Interactive and General Optimizer)是一个专门用于求解数学优化模型的综合工具软件。相对于其他能够解决数学优化问题的软件而言,它的程序代码更简单、执行速度更快、计算结果更精确。LINGO 软件的特点就是:只要有一个完整的运筹学模型以及相应的数据就可以编程求解,而无须设计其求解算法。

本书仅以 LINGO 12.0 版本为例,对 LINGO 软件的使用方法进行简单的介绍。

6.1 LINGO 软件的基本使用方法

在 Windows 操作系统桌面双击 LINGO 12.0 图标(或在 Windows"开始"菜单的"所有程序"中选择运行"LINGO 12.0")之后,会启动 LINGO 12.0,弹出如图 6-1 所示的工作窗口。标题为 LINGO 12.0 的外层窗口是主框架窗口。主框架窗口的顶部包含了所有的菜单命令和工具条,底部包含了一个关于目前 LINGO 软件状态信息的状态条。LINGO 软件的其他所有窗口都包含在主框架窗口之内。在主框架窗口内标题为 Lingo Model - Lingo1 的窗口是 LINGO 软件默认的模型窗口,所有的数学优化模型都要在该窗口内编程实现。

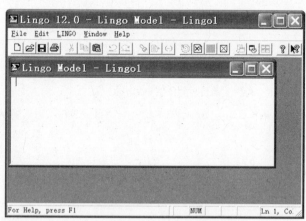

图 6-1 LINGO 软件的主框架窗口

下面用几个例子说明 LINGO 软件的基本使用方法。

例 1 利用 LINGO 软件来求解如下线性规划模型:

$$\min \quad z = -x_1 + 2x_2 - 3x_3$$
$$\text{s.t.} \quad x_1 + x_2 + x_3 \leq 7$$

$$x_1 - x_2 + x_3 \geq 2$$
$$-3x_1 + x_2 + 2x_3 = 5$$
$$x_1, x_2 \geq 0, x_3 \text{ 无约束}$$

将上述规划模型在默认窗口中输入程序语句,如图 6-2 所示。

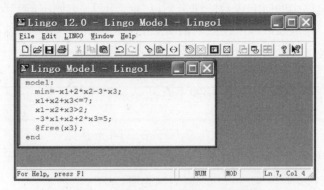

图 6-2 模型窗口内的 LINGO 程序

为了能够更好地阅读上述程序语句,需要了解以下的编码规则。

(1) LINGO 程序需在英文状态下(注释语句的内容以及标题的内容除外)书写,否则在运行时会弹出语法提示错误。例如:在此例中,将英文状态下的减号"-"换成中文状态下的"—",将会弹出如图 6-3 所示的错误信息。

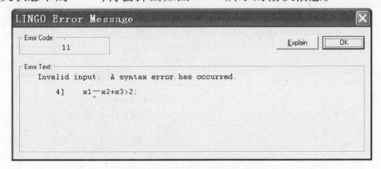

图 6-3 符号错误信息提示

(2) 所有的 LINGO 程序都是以"model:"开始,以"end"结束。对于比较简单的模型(如例1),这对语句可以省略。

(3) LINGO 程序代码不区分英文字母大小写。一般地,变量名是由英文字母、下划线或阿拉伯数字构成的。变量的名称可以超过 8 个字符,但不能超过 64 个字符,且必须以英文字母开头。

(4) LINGO 软件总是根据"max ="或"min ="寻找目标函数,而除注释说明语句、标题语句和数据段语句外的其他语句都是约束条件,因此语句的顺序并不重要。

(5) 语句是组成 LINGO 模型的基本单位,每个语句都以";"结尾,编写程序时应注意模型的可读性,增强层次感。

(6) 以感叹号"!"开头的语句是注释说明语句,以"title"开始的语句是程序标题语句,它们也需要以分号结尾。

(7) LINGO 程序不区分小于符号"＜"与小于等于符号"＜＝",两者的作用是相同的。

(8) 如果对变量的取值范围没有作特殊说明,则默认所有决策变量都非负,即所有决策变量都大于等于零。

(9) LINGO 软件中的所有函数一律需要以"@"开头,本例中的@free 就是一个变量定界函数。变量定界函数可以限制或取消变量的取值范围。简单介绍以下几个:

① @bnd(a,x,b):限制 x 的取值范围为$[a,b]$,即 $a \leq x \leq b$。
② @bin(x):限制 x 的取值只能为 0 或 1。
③ @free(x):取消对 x 的非负限制(即 x 可取负数、0 或正数)。
④ @gin(x):限制 x 为整数。
⑤ @semic(a,x,b):限制 x 要么是 0,要么在区间$[a,b]$内。

在模型窗口中输入程序代码以后,单击工具条上的 ⊙ 按钮或运行菜单命令"LINGO→Solve",就会得到如图 6-4 所示的求解器状态窗口。

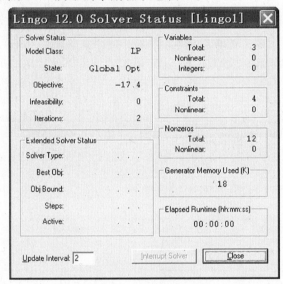

图 6-4　求解器状窗口

对应求解器状态窗口的内容翻译如下:

求解器状态		变量	
模型类型	线性规划	变量总数	3
解的状态	全局最优解	非线性变量数	0
目标函数值	-17.4	整数变量数	0
不满足约束的总量	0	约束	
迭代次数	2	约束总数	4
扩展求解器状态		非线性约束总数	0
求解器类型		非零系数	
最优目标值		非零系数总数	12
目标函数值的界		非线性系数个数	0

| 求解程序运行步数 | 内存使用量(单位:KB) | 18 |
| 有效步数 | 求解所花费时间(小时:分:秒) | 不足1s |

一般地,数学优化模型可分为以下几类:

(1) 线性规划(LP):目标和约束均为线性函数。

(2) 非线性规划(NLP):目标或约束中有非线性函数。

(3) 二次规划(QP):目标为二次函数,约束为线性函数。

(4) 整数规划(IP):决策变量(全部或部分)为整数,包括整数线性规划(ILP)、整数二次规划(IQP)、整数非线性规划(INLP)、纯整数规划(PIP)、混合整数规划(MIP)、0-1(整数)规划。

使用扩展状态的求解器时,可能的显示有 B-and-B(分支定界算法的程序)、Global(全局最优解程序)和 Multistart(用多个初始点求解的程序)。

在求解器状态窗口之后,会弹出结果报告窗口,如图6-5所示。

```
Solution Report - Lingo1
Global optimal solution found.
Objective value:                    -17.40000
Infeasibilities:                     0.000000
Total solver iterations:                    2

Model Class:                               LP

Total variables:                3
Nonlinear variables:            0
Integer variables:              0

Total constraints:              4
Nonlinear constraints:          0

Total nonzeros:                12
Nonlinear nonzeros:             0

            Variable          Value       Reduced Cost
                  X1       1.800000           0.000000
                  X2       0.000000           4.600000
                  X3       5.200000           0.000000

                 Row   Slack or Surplus       Dual Price
                   1         -17.40000          -1.000000
                   2          0.000000           2.200000
                   3          5.000000           0.000000
                   4          0.000000           0.4000000
```

图6-5 结果报告窗口

"Global optimal solution found"译为得到"全局最优解";"Objective value"译为"目标函数值";"Infeasibilities"译为"当前约束不满足的总量";"Total solver iterations"译为"求解器总的迭代次数";"Model Class"译为"模型类型";"Total variables"译为"总的变量个数";"Nonlinear variables"译为"非线性变量数量";"Integer variables"译为"整数变量数量";"Total constraints"译为"约束总量";"Nonlinear constraints"译为"非线性约束数量";"Total nonzeros"译为"非零系数总量";"Nonlinear nonzeros"译为"非零非线性系数个数"。

"Variable"译为"变量名称";"Value"给出最优解中各变量的值。"Reduced Cost"表示当对应变量有微小变动时,对应目标函数的变化率。"Reduced Cost"的值表示当某个变量 $x_j(j=1,2,3)$ 增加一个单位而其他变量不变时,目标函数的改变量。

"Row"的值表示 LINGO 程序的第几行。"Slack or Surplus"值给出约束条件的松驰变量或剩余变量的值。小于等于约束为松驰变量(Slack),大于等于约束为剩余变量(Surplus)。"Dual Price"表示问题的对偶价格(影子价格),表示当对应约束有微小变动时,目标函数的变化率。

由图 6-5 可知:当 $x_1 = 1.8$,$x_2 = 0$,$x_3 = 5.2$ 时,模型取得最小值,最小值为 $z = -17.4$。

在编写程序时,需要将程序进行储存,单击模型窗口 File 下的 Save As(或单击工具栏上的 ■ 图标),会弹出如图 6-6 所示的对话框。

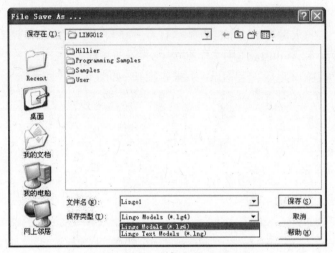

图 6-6 程序保存对话框

在"文件名"框中输入文件名即可。在"保存类型"中,后缀"lg4"表示 LINGO 格式的程序文件,是 LINGO 默认的文件存储格式;后缀"lng"表示文本格式的程序文件,并且以这个格式保存程序时,LINGO 将给出警告,因为程序中的格式信息(如字体、颜色、嵌入对象等)将会丢失。

例2 利用 LINGO 求解下面的数学规划模型。

$$\begin{aligned} \max \quad & z = 2x_1 + 3x_2 \\ \text{s. t.} \quad & 4x_1 + 3x_2 \leqslant 10 \\ & 3x_1 + 5x_2 \leqslant 12 \\ & x_1, x_2 \geqslant 0 \end{aligned}$$

这是一个比较简单的优化模型,在 LINGO 中输入的程序如下:

```
max = 2 * x1 + 3 * x2;
4 * x1 + 3 * x2 < 10;
3 * x1 + 5 * x2 < 12;
```

根据解的报告很容易知道:当 $x_1 = 1.272727$,$x_2 = 1.636364$ 时,最大值为 $z = 7.454545$。

LINGO 软件除了求解优化模型以外,还具有解方程的功能。不过,仅能得到方程组的一组解。

例3 求非线性方程组 $\begin{cases} x^2+y^2=2 \\ 2x^2+x+y^2+y=4 \end{cases}$ 的解。

其 LINGO 程序代码如下：

```
model:
 x^2 +y^2 =2;
 2*x^2 +x+y^2 +y =4;
 @free(x);@free(y);
end
```

运行程序得 $x=1.221333, y=-0.7129866$。

注：LINGO 软件菜单栏上的命令和工具栏上的快捷方式绝大多数与 Office 软件的用法一样，故此处不再赘述。

6.2 LINGO 软件基本用法的注意事项

为了能够使 LINGO 软件快速高效地解决规划问题，同时增加可读性，需要在模型建立与程序编写两方面注意一些问题。

6.2.1 在建立模型时需注意的几方面问题

（1）尽量使用实数优化，减少整数约束和整数变量。只有在万不得已时才使用整数变量和整数约束，因为求解离散优化问题比求解连续优化问题困难得多。

（2）尽量使用光滑优化，减少非光滑约束的个数。例如，尽量少使用绝对值、符号函数、多个变量求最大（或最小）值、四舍五入、取整函数等。

非光滑函数是指存在不可微点的函数。这样的函数从数学上看是不光滑的，因此不利于利用其导数信息，从而为求解优化问题增加难度。

（3）尽量使用线性模型，减少非线性约束和非线性变量的个数，如 $\dfrac{x}{y}>5(y>0)$ 可改为 $x>5y(y>0)$。这主要是因为求解非线性问题模型比线性问题模型要困难很多。

（4）合理设定变量上下界，尽可能给出变量初始值。如果在实际问题中知道变量的取值范围，那就要尽量限定变量的取值范围，减小最优值的寻找范围。有时候凭借经验还能感觉到最优解大致在哪个解附近，那么就可以以初始值的形式赋值给变量，这对于缩短问题的求解时间是有很大帮助的。毕竟，软件是机械执行程序代码的，而我们是才程序代码的设计者。

（5）模型中使用的参数数量级要适当（如小于 10^3）。如果在同一模型中，有的数很小，而有的数却很大，如 0.001 和 1000000，这两个数的数量级相差太大，在进行计算时就会造成很大的误差，从而导致运算精度降低。LINGO 软件通常希望模型中的数据之间的数量级不要相差超过 10^3（即最大数与最小数（按绝对值计算）不要相差 1000 倍以上），否则会给出警告提示信息。有时可以通过对数据选择适当的单位改变相对尺度，尽量使数据之间的数量级相差程度减小。

6.2.2 在程序编写时需注意的问题

（1）为了增加程序的可读性，可以给程序语句加上标注，增加程序的可读性。例如"[con]7*x+8*x<12;"，其中"[con]"就是程序代码"7*x+8*x<12;"的名称或注释。

（2）变量和数值放在约束条件的左、右两端均可，但最好变量在左，数值在右，这符合我们的书写习惯，便于阅读与理解。

（3）LINGO 编辑器用蓝色显示其"关键字"，绿色显示"注释"，其他文本用黑色，匹配的括号用红色高亮度显示。

（4）LINGO 软件有5个算术运算符：^（幂）、*（乘）、/（除）、+（加）、-（减）。这5个运算符都是双目运算符，需要两个运算对象（操作数），但"-"也可以作为单目运算符，表示取运算对象的负值。算术运算符的优先级别为：单目"-"最高，其余为^，*和/，+和-，同级自左至右，加括号可以改变运算次序。

（5）LINGO 软件有3个关系运算符：=、<=（或<）、>=（或>）。实际上，LINGO 软件无严格小于与严格大于，欲使 $a<b$，可适当选取小的正常数 ε 表示成 $a+\varepsilon<b$。

（6）在 LINGO 软件中共有9个逻辑运算符，其具体含义如表6-1所示。

表6-1 九个逻辑运算符的含义

分类	运算符	作用
运算对象是两个实数	#eq#	两个运算对象相等时为真，否则为假
	#ne#	两个运算对象不相等时为真，否则为假
	#gt#	左边大于右边时为真，否则为假
	#ge#	左边大于或等于右边时为真，否则为假
	#lt#	左边小于右边时为真，否则为假
	#le#	左边小于或等于右边时为真，否则为假
运算对象是逻辑值或逻辑表达式	#not#	单目运算，表示对运算对象取反，即真变假，假变真
	#and#	两个运算对象都真时为真，否则为假
	#or#	两个运算对象都假时为假，否则为真

逻辑运算符的优先级别，最高为#not#，最低为#and#和#or#，其余都在中间且平级。当不同种类的运算符混合运算时，优先级别为：单目优于双目，算术优于逻辑，逻辑优于关系，平级从左到右，括号改变次序。

6.3 用 LINGO 建模语言求解数学优化模型

6.1节介绍了 LINGO 软件的基本用法，其优点是程序代码简单直观。一般的数学表达式无须作大的变化即可直接输入。对于规模较小的数学模型，用直接输入的方法是比较简单的。但是,如果模型的规模很大,例如变量和约束条件的个数比较多,若仍然用直接输入方式,虽然也能计算并求得结果。但是,这种做法的严重不足之处是:输入代码会占用很多时间以及需输入很多的程序代码;不利于模型的分析和修改;会导致程序的可读性较差。而 LINGO 软件提供的建模语言能够用较少语句简单有效地解决上述问题。

LINGO 建模语言由集合定义段、目标约束段、数据输入段、初始化段和程序计算段 5 部分构成,这 5 段之间无顺序性且都是可选的。下面给出了 LINGO 建模语言的程序模版。

```
model:
    title! 为你的程序取个名字;
    sets:
    ! 集合定义段:作用在于定义必要的集合变量及其元素(含义类似于数组的下标)和属性(含义类似于数组);
    endsets
    data:
    ! 数据输入段:作用在于对集合的属性(数组)输入已知数据;
    enddata
    init:
    ! 初始化段:作用在于对集合的属性(数组)定义初始值;
    endinit
    calc:
    ! 程序计算段:作用在于对一些原始数据进行计算处理;
    endcalc
    ! 目标约束段:无开始和结束标志,定义目标函数和约束条件;
end
```

为了使读者更好地掌握与应用 LINGO 建模语言,本节结合下面的例题对 LINGO 建模语言的编写进行解释说明。

例1 某建筑工地的位置用平面坐标 (a,b)(单位:km) 及其水泥日用量 d(单位:t)由表 6-2 给出。现有两个临时料场位于 $P(5,1)$, $Q(2,7)$,日储量各有 20t。现欲建两个新的料场 A,B,其日储量仍各有 20t。从 A,B 两料场分别向各工地运送多少吨水泥,使总的吨千米数最小?两个新的料场应建在何处?

表 6-2 工地的坐标及水泥日用量

	1	2	3	4	5	6
a	1.25	8.75	0.5	5.75	3	7.25
b	1.25	0.75	4.75	5	6.5	7.75
d	3	5	4	7	6	11

模型建立 记工地的位置为 (a_i,b_i),水泥日用量为 $d_i(i=1,2,\cdots,6)$;新料场位置和日储量分别为 (x_j,y_j), $e_j(j=1,2)$;从新料场 j 向工地 i 的运送量为 $c_{ij}(i=1,2,\cdots,6, j=1,2)$。则从两个新料场向各工地运送的吨千米数最小的数学模型为

$$\min \quad z = \sum_{j=1}^{2}\sum_{i=1}^{6} c_{ij}\sqrt{(x_j-a_i)^2+(y_j-b_i)^2}$$

$$\text{s.t.} \quad \sum_{j=1}^{2} c_{ij} = d_i, i=1,2,\cdots,6$$

$$\sum_{i=1}^{6} c_{ij} \leq e_j, j=1,2$$

$$c_{ij} \geq 0, i=1,2,\cdots,6, j=1,2$$

由于 $(x_j,y_j)(j=1,2)$ 表示两个新料场的坐标,则 c_{ij},x_j,y_j 均是决策变量,故该模型是非线规划模型。可以把两个现有临时料场的位置作为初始解赋值给 $(x_j,y_j)(j=1,2)$。

模型求解 利用LINGO建模语言对例1中的优化模型进行编程如下：

```
model:
  Title 料场位置问题;
  sets:
    demand/1..6/:a,b,d;
    supply/1..2/:x,y,e;
    link(demand,supply):c;
  endsets
  data:
    ! 工地位置坐标;
    a=1.25,8.75,0.5,5.75,3,7.25;
    b=1.25,0.75,4.75,5,6.5,7.75;
    ! 工地水泥日需求量;
    d=3,5,4,7,6,11;
    ! 料场的存储量;
    e=20,20;
  enddata
  init:
    ! 新建料场的初始位置;
    x,y=5,1,2,7;
  endinit
  ! 目标函数;
  [OBJ]min=@sum(link(i,j):c(i,j)*((x(j)-a(i))^2+(y(j)-b(i))^2)^(1/2));
  ! 需求约束;
  @for(demand(i):[DEMAND_CON] @sum(supply(j):c(i,j)) =d(i));
  ! 供应约束;
  @for(supply(i):[SUPPLY_CON] @sum(demand(j):c(j,i)) <=e(i));
  ! 两个新建料场的位置限制;
  @for(supply:@bnd(0.5,X,8.75);@bnd(0.75,Y,7.75););
end
```

执行方式：单击工具条上的执行按钮或运行菜单命令"LINGO→Solve"，即可得决策变量的解如下：

```
Local optimal solution found.
Objective value:                      89.88347
Infeasibilities:                      0.000000
Total solver iterations:              35
        X( 1)      7.250000     -0.1724385E-06
        X( 2)      5.695966      0.000000
        Y( 1)      7.750000      0.9557846E-07
        Y( 2)      4.928558      0.000000
        C( 1, 1)   0.000000      1.765937
        C( 1, 2)   3.000000      0.000000
        C( 2, 1)   0.000000      0.6737602
        C( 2, 2)   5.000000      0.000000
        C( 3, 1)   0.000000      0.8781215
        C( 3, 2)   4.000000      0.000000
        C( 4, 1)   0.000000      1.733428
        C( 4, 2)   7.000000      0.000000
        C( 5, 1)   5.000000      0.000000
        C( 5, 2)   1.000000      0.000000
        C( 6, 1)   11.00000      0.000000
        C( 6, 2)   0.000000      4.530599
```

运行上面的程序得到最小吨千米数为 $z=89.88347$,两个新料场的坐标分别为 $(7.25,7.75)$,$(5.70,4.93)$。

这个程序中以"Title"开始的是"标题部分",以"!"开始的是"注释部分",标注语句[OBJ]在 6.1 节和 6.2 节中已经详细地解释了。本节着重阐述 LINGO 建模语言的 5 个语句段部分。

 6.3.1 集合定义段

以关键字"sets:"开始,以"endsets"结束的部分是 LINGO 程序的集合定义段(简称集合段),它是一个可选部分。LINGO 程序使用集合之前,必须在集合定义段事先定义。

LINGO 有两种类型的集合:原始集合和派生集合。派生集合又可分为稠密集和稀疏集。

1. 原始集合的定义

一个原始集合是由一些最基本的对象组成的,可以理解为一维数组。一个派生集合是用一个或多个其他集合来定义的,派生集合可以看作是一些集合的笛卡儿乘积,可以理解为二维及二维以上的数组。

定义集合时要明确三方面的内容:集合的名称、集合的成员、集合的属性。

定义一个原始集合,用下面的语法:

     setname[/member_list/][:attribute_list];

注:用"[ ]"表示该部分内容可选。下同,不再赘述。

setname 是集合的名字,集合名字必须以英文字母或下划线为首字符,其后由英文字母、下划线、阿拉伯数字组成的总长度不超过64个字符的字符串,且不区分英文字母的大小写。

注:该命名规则同样适用于集合成员名和属性名等的命名。

Member_list是集合成员列表。如果集合成员放在集合定义中,那么对它们可采取显式罗列和隐式罗列两种方式。

(1) 当显式罗列成员时,必须为每个成员输入一个不同的名字,中间用空格或逗号隔开,允许混合使用。

(2) 当隐式罗列成员时,不必罗列出每个集成员。可采用如下语法:

setname/ member1..memberN/ [: attribute_list];

这里的 member1 是集合的第一个成员名,memberN 是集合的最后一个成员名。LINGO软件将自动产生中间的所有成员名。LINGO 软件也接受一些特定的首成员名和末成员名,用于创建一些特殊的集合。隐式罗列成员的作用如表6-3所示。

表6-3 隐式罗列成员举例

隐式成员列表格式	示例	所产生集成员
1..n	1..5	1,2,3,4,5
StringM..StringN	Car2..car14	Car2,Car3,Car4,…,Car14
DayM..DayN	Mon..Fri	Mon,Tue,Wed,Thu,Fri
MonthM..MonthN	Oct..Jan	Oct,Nov,Dec,Jan
MonthYearM..MonthYearN	Oct2001..Jan2002	Oct2001,Nov2001,Dec2001,Jan2002

我们可以这样理解,集合的成员是数组的下标,而集合属性是数组的名称。

例1中的语句"demand/ 1..6/ :a,b,d;"形成了如表6-4所示的一些元素。

表6-4 集合成员与属性之间的作用

集合成员		1	2	3	4	5	6
属性	a	a(1)	a(2)	a(3)	a(4)	a(5)	a(6)
	b	b(1)	b(2)	b(3)	b(4)	b(5)	b(6)
	d	d(1)	d(2)	d(3)	d(4)	d(5)	d(6)

同理可知:语句"supply/ 1..2/ :x,y,e;"所形成的数组。

(3) 集合成员也可不放在集合中定义,而在随后的数据输入段来定义。

2. 派生集合的定义

派生集合的定义语句由集合的名称、对应的初始集合、集合的成员(可以省略不写)、集合的属性等要素组成。

可用下面的语法定义一个派生集合:

  setname(parent_set_list)[/member_list/][:attribute_list];

setname 是集合的名字。parent_set_list 是已定义的集合(此时又称为父集合)列表,多个时必须用逗号隔开。如果没有指定成员列表,那么 LINGO 软件会自动创建父集成员的所有组合作为派生集合的成员。派生集合的父集既可以是原始集合,也可以是其他的派生集合。

例 1 中的语句"link(demand,supply):c;"生成了两个父集的所有组合共 12 对作为 link 集合的成员,如表 6-5 所示。

表 6-5 派生集合 link 的成员

demand \ supply	1	2
1	c(1,2)	c(1,2)
2	c(2,1)	c(2,2)
3	c(3,1)	c(3,2)
4	c(4,1)	c(4,2)
5	c(5,1)	c(5,2)
6	c(6,1)	c(6,2)

成员列表被忽略时,派生集合成员由父集成员所有的组合构成,这样的派生集合为稠密集。本例中的 link 集合就是稠密集。如果限制派生集合的成员,使它成为父集成员所有组合构成的集合的一个子集,这样的派生集称为稀疏集。

稀疏集的定义方法有直接列表法和元素过滤法两种。在接下来的两个例题中将会介绍这两种定义方法的使用。

为使集合能够在编程中得到更加重要的应用,LINGO 软件定义了两类与集合有关的函数:集合操作函数与集合循环函数。

3. 集合操作函数

LINGO 软件提供了几个用来对集合元素进行操作的函数。下面分别给出它们的使用方法及其作用。

1) @index([set_name,] primitive_set_element)

该函数返回在集合 set_name 中原始集合成员 primitive_set_element 的索引(按定义集合时元素出现顺序的位置编号)。如果 set_name 被忽略,那么 LINGO 软件将返回与 primitive_set_element 匹配的第一个原始集成员的索引。如果找不到,则产生一个错误。

2) @in(set_name, primitive_index_1 [, primitive_index_2,…])

这个函数用于判断一个集合 set_name 中是否包含由索引 primitive_index_1 [, primitive_index_2,…] 所表示的对应元素,是则返回 1;否则返回 0。索引用"&1"、"&2"或@ index 函数等形式给出,这里"&1"表示对应于第 1 个父集合的元素的索引值,"&2"表示对应于第 2 个父集合的元素的索引值。

3) @wrap(index,limit)

这个函数的返回值为 index 对 limit 取模再加 1。该函数在循环、多阶段计划编制中特别有用。另外该函数对 $N<1$ 无定义。

4) @size(set_name)

该函数返回集合 set_name 的成员个数。在模型中明确给出集合大小时最好使用该函数。它的使用使模型更加数据中立,集合大小改变时也更易维护。

4. 集合循环函数

集合循环函数是指对集合上的元素(即数组下标)进行循环操作的函数。主要有 5 个,它们的语法为:

@function(setname[(set_index_list)[|conditional_qualifier]]:expression_list);

@function 相应于下面罗列的 5 个集合循环函数之一;setname 是要遍历的集合;set_index_list 是集合索引列表;conditional_qualifier 是用来限制集合循环函数的范围,当集合循环函数遍历集合的每个成员时,LINGO 都要对 conditional_qualifier 进行评价,若结果为真,则对该成员执行@function 操作,否则跳过,继续执行下一次循环;expression_list 是被应用到每个集合成员的表达式列表,当用的是@for 函数时,expression_list 可以包含多个表达式,其间用逗号隔开。这些表达式将被作为约束加到模型中。当使用其余的 4 个集合循环函数时,expression_list 只能有一个表达式。如果省略 set_index_list,那么在 expression_list 中引用的所有属性的类型都是 setname 集合。

(1) @for

该函数用来产生对集成员的约束。基于建模语言的标量需要显式输入每个约束,不过@for 函数允许只输入一个约束,然后 LINGO 软件自动地产生每个集成员的约束。

(2) @sum

该函数返回遍历指定的集合成员的一个表达式的和。

(3) @min 和@max

返回指定的集合成员的一个表达式的最小值或最大值。

(4) @prod

该函数返回遍历指定的集合成员的一个表达式的乘积。

 ### 6.3.2 数据输入段

数据输入段(简称数据段)以关键字"data:"开始,以关键字"enddata"结束。在这里,可以指定集合成员、集合的属性。其语法如下:

$$object\_list = value\_list;$$

在数据段主要是对集合的属性(数组)输入必要的常数数据。常数列表(value_list)中数据之间可以用英文逗号","分开,也可以用空格分开(回车等价于一个空格)。

在例 1 中定义了 4 个属性 a,b,d,e 的值。语句

a =1.25,8.75,0.5,5.75,3,7.25;
b =1.25,0.75,4.75,5,6.5,7.75;

分别给数组 a(1)~a(6) 和 b(1)~b(6) 赋值。由于数组是按列赋值的,故也可以用如下方式给这两个数组进行赋值:

```
a,b =1.25    1.25
     8.75    0.75
     0.5     4.75
     5.75    5
     3       6.5
```

```
        7.25     7.75;
```
在 LINGO 模型中,如果想在运行时才对参数赋值,可以在数据段使用输入语句,输入语句格式为"变量名 = ?"。例如本例中,若想在运行时输入数组 e(1) 的值。则有
```
data:
    a=1.25,8.75,0.5,5.75,3,7.25;
    b=1.25,0.75,4.75,5,6.5,7.75;
    d=3,5,4,7,6,11;
    e=?,20;
enddata
```
在运行程序时,LINGO 软件将会弹出如图 6-7 所示的对话框。

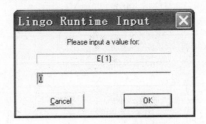

图 6-7 即时输入对话框

直接输入一个值再单击 OK 按钮,LINGO 软件就会把输入的值指定给 E(1),然后继续执行程序代码。

若在数据输入段输入未知某个数组的值,可用空格代替。如未知 e(1) 的值,可输入代码 "e= ,20;"。

6.3.3 初始化段

初始化段(简称初始段)以 "init:" 开始,以 "endinit" 结束。初始化段的数组赋值规则和数据输入段的数据赋值规则相同。也就是说,可以同时给多个集属性赋初值。

如例 1 中的语句:
```
init:
    x,y=5,1,2,7;
endinit
```
意味着把两个临时料场的位置作为寻找两个最优位置料场的初始值。

注:在非线性规划中,若给定初始点,可为求解过程节省很多时间,大大提高求解效率。

6.3.4 程序计算段

程序计算段(简称计算段)以 "calc:" 开始,以 "endcalc" 结束,对一些原始数据进行计算处理。在实际问题中,输入的数据通常是原始数据,不一定能在模型中直接使用,可以在这个段对这些原始数据进行一定的"预处理",得到模型中真正需要的数据。

由于例1中没有程序计算段,可用下例进行解释说明。

例2 某印制电路版上共有10类不同的孔区,其编号分别为1,2,…,10。打孔机需按编号顺序对其进行打孔作业。每一孔区必须从两个点中选出一个作为打孔的起点,另一个作为打孔的终点。问如何确定各个区内的起点与终点,使得打孔机在相邻两区之间行走距离(即前一个区的终点到后一个区的起点之间的距离)之和最小?10个孔区内两个点的坐标(mm)如表6-6所示。

表6-6 10个孔区内两个点的坐标

孔区	第1个点的坐标	第2个点的坐标
1	(-15.1892,28.3464)	(-10.2108,28.3464)
2	(59.3852,-15.4686)	(36.3728,-0.8128)
3	(-79.0702,8.4836)	(-79.0702,-2.3368)
4	(13.9240,199.9234)	(1.2141,199.9234)
5	(43.2308,167.5892)	(113.7412,145.3896)
6	(-65.5638,210.7258)	(-67.5640,210.7258)
7	(-74.8538,163.0680)	(-71.9582,161.6964)
8	(-56.2864,224.5360)	(-56.2864,127.0478)
9	(-81.6102,21.4122)	(-76.5302,16.3322)
10	(3.6576,182.9816)	(-50.7492,51.6128)

模型建立 设 $d_{i1}, d_{i2}, d_{i3}, d_{i4} (i=1,2,\cdots,9)$ 分别表示第 i 区内与第 $i+1$ 区内的第1个点与第1个点、第1个点与第2个点、第2个点与第1个点、第2个点与第2个点之间的距离。$c_{i1}, c_{i2}, c_{i3}, c_{i4} (i=1,2,\cdots,9)$ 是与上面的距离相对应的0-1变量。则该问题的数学模型如下:

$$\min \quad z = \sum_{i=1}^{9} \sum_{j=1}^{4} c_{ij} d_{ij}$$

$$\text{s.t.} \quad \sum_{j=1}^{4} c_{ij} = 1, i = 1,2,\cdots,9$$

$$c_{i1} \times c_{(i+1)1} = 0, i = 1,2,\cdots,8$$

$$c_{i1} \times c_{(i+1)2} = 0, i = 1,2,\cdots,8$$

$$c_{i2} \times c_{(i+1)3} = 0, i = 1,2,\cdots,8$$

$$c_{i2} \times c_{(i+1)4} = 0, i = 1,2,\cdots,8$$

$$c_{i3} \times c_{(i+1)1} = 0, i = 1,2,\cdots,8$$

$$c_{i3} \times c_{(i+1)2} = 0, i = 1,2,\cdots,8$$

$$c_{i4} \times c_{(i+1)3} = 0, i = 1,2,\cdots,8$$

$$c_{i4} \times c_{(i+1)4} = 0, i = 1,2,\cdots,8$$

$$c_{ij} = 0 \text{ 或 } 1, i = 1, 2, \cdots, 9, j = 1, 2, 3, 4$$

模型中的第1个约束条件用来限制两个区之间只有一条路径,约束条件2~9用来限制同一个区内的起点与终点是两个不同的点。

模型求解 这个模型的 LINGO 程序代码如下:

```
model:
  sets:
   line/1..4/;
   row/1..10/;
   link(row,line):x,c,d;
  endsets
  data:
   x = -15.1892, 28.3464, -10.2108, 28.3464
       59.3852, -15.4686, 36.3728, -0.8128
       -79.0702, 8.4836, -79.0702, -2.3368
       13.9240,199.9234, 1.2141,199.9234
       43.2308,167.5892,113.7412,145.3896
       -65.5638,210.7258, -67.5640,210.7258
       -74.8538,163.0680, -71.9582,161.6964
       -56.2864,224.5360, -56.2864,127.0478
       -81.6102, 21.4122, -76.5302, 16.3322
       3.6576,182.9816, -50.7492, 51.6128;
  enddata
calc:
 @for(row(i)|i#le#9:
    d(i,1) = @sqrt((x(i,1)-x(i+1,1))^2+(x(i,2)-x(i+1,2))^2);
    d(i,2) = @sqrt((x(i,1)-x(i+1,3))^2+(x(i,2)-x(i+1,4))^2);
    d(i,3) = @sqrt((x(i,3)-x(i+1,1))^2+(x(i,4)-x(i+1,2))^2);
    d(i,4) = @sqrt((x(i,3)-x(i+1,3))^2+(x(i,4)-x(i+1,4))^2););
endcalc
min = @sum(link(i,j):c(i,j)*d(i,j));
@for(link:@bin(c));
@for(row(i)|i#le#9:c(i,1)+c(i,2)+c(i,3)+c(i,4)=1);
@for(row(i)|i#le#8:c(i,1)*c(i+1,1)=0;c(i,1)*c(i+1,2)=0;
                   c(i,2)*c(i+1,3)=0;c(i,2)*c(i+1,4)=0;
                   c(i,3)*c(i+1,1)=0;c(i,3)*c(i+1,2)=0;
                   c(i,4)*c(i+1,3)=0;c(i,4)*c(i+1,4)=0;);
end
```

注:在代码"min = @sum(link(i,j):c(i,j)*d(i,j));"中,由于是对 link 集合中的所有成员进行操作,可以简写为"min = @sum(link:c*d);",这是 LINGO 软件承认的合法代码。

运行上面的程序,得到最小距离之和为913.0254mm。在解的报告中,c_{ij}的值多数为零,为了更清晰地浏览最优解,选择菜单命令"LINGO→Solution",可以看到如图6-8所示的对话框。

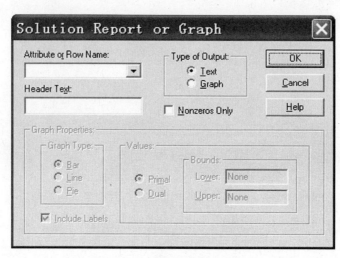

图6-8 解的报告选择对话框

在对话框中的属性下拉单中选择"C",在输入类型中选择"Text"且选中"Nonzeros Only"项,则会弹出如下仅有"C"的非零值的解的报告:

```
Local optimal solution found.
Objective value:                    913.0254
Objective bound:                    913.0254
Infeasibilities:                    0.000000
Extended solver steps:              0
Total solver iterations:            49
                        Variable        Value
                        C( 1, 4)        1.000000
                        C( 2, 1)        1.000000
                        C( 3, 4)        1.000000
                        C( 4, 2)        1.000000
                        C( 5, 1)        1.000000
                        C( 6, 4)        1.000000
                        C( 7, 1)        1.000000
                        C( 8, 4)        1.000000
                        C( 9, 2)        1.000000
```

在这个例题中,有关$d_{ij}(i=1,2,\cdots,9;j=1,2,3,4)$的数据并没有直接给出。为了求解该模型的最优解,必须先计算出d_{ij}的值。在LINGO程序中,类似的计算均可以放在"程序计算段"中来编码实现,当然也可以将"程序计算段"看成数据的预处理部分。

6.3.5 目标约束段

在 LINGO 程序中没有段的开始标记和结束标记的部分就是目标函数与约束条件段,简称目标约束段。因此实际上就是除其它 4 个段(都有明确的段标记)之外的部分。

这里一般要用到 LINGO 软件的内部函数,特别是与集合相关的集合操作函数和集合循环函数等。

在例 1 的目标约束段中,除了目标函数和两类约束条件外,还有一个限制条件"@for(supply:@bnd(0.5,X,8.75);@bnd(0.75,Y,7.75););"。它的作用是为限制 x,y 的取值范围以便缩短求解的时间。实际意义上讲,两个新料场的最佳位置必定在 6 个工地所构成的最大矩形内。

下面再举一个利用 LINGO 建模语言求解优化模型的例子。

例 3 为冬季作准备,某服装公司正在加工皮制外衣、鹅绒外套、保暖裤和手套。所有产品由 4 个不同的车间生产:剪裁、保暖处理、缝纫和包装。服装公司已收到其他公司的产品订单。合同规定对于未按时交货的订单产品予以惩罚。表 6-7 提供了生产、需求和利润等相关的数据,试为公司设计最优的生产计划。

表 6-7 加工每件产品所需的时间(h)、可用上限及需求、利润和惩罚

车间	皮制外衣	鹅绒外套	保暖裤	手套	可用时间上限
剪裁	0.30	0.30	0.25	0.15	1000
保暖	0.25	0.35	0.30	0.10	1000
缝纫	0.45	0.50	0.40	0.22	1000
包装	0.15	0.15	0.10	0.05	1000
需求/件	800	750	600	500	
利润/(元/件)	150	200	100	50	
惩罚/(元/件)	75	100	50	40	

模型建立 令 c_j, p_j, x_j, s_j 分别为 4 类单位服装的利润、惩罚、数量及短缺量;$a_{ij}(i=1,2,3,4;j=1,2,3,4)$ 为 4 个车间加工 4 类服装的单位费用;$d_j(j=1,2,3,4)$ 表示 4 类服装的需求量。则该最优化问题的线性规划模型为

$$\max \quad z = \sum_{j=1}^{4}(c_j x_j - p_j s_j)$$

$$\text{s.t.} \quad \sum_{j=1}^{4} a_{ij} x_j \leq 1000, i=1,2,3,4$$

$$x_j + s_j = d_j, j=1,2,3,4$$

$$x_j, s_j \geq 0 \text{ 且为整数}, j=1,2,3,4$$

模型求解 写出相应的 LINGO 程序如下:

```
model:
sets:
    var/1..4/:c,p,x,s;
```

```
        con/1..4/:b,d;
        cxv(con,var):a;
endsets
data:
    c = 150 200 100 50;
    p = 75 100 50 40;
    d = 800 750 600 500;
    a = 0.3 0.3 0.25 0.15
        0.25 0.35 0.25 0.15
        0.45 0.5 0.4 0.22
        0.15 0.15 0.1 0.05;
enddata
! 目标函数;
max = @ sum(var:c * x - p * s);
! 约束条件;
@ for(con(i):
@ sum(var(j):a(i,j) * x(j)) < 1000;
        x(i) + s(i) = d(i);
    );
! 约束条件;
@ for(var:@ gin(x);@ gin(s));
end
```

运行上面的程序,得最优值及非零决策变量值如下:

```
Global optimal solution found.
Objective value:                        323110.0
Objective bound:                        323110.0
Infeasibilities:                        0.000000
Extended solver steps:                         0
Total solver iterations:                       0
         Variable        Value        Reduced Cost
           X( 1)       800.0000         -150.0000
           X( 2)       750.0000         -200.0000
           X( 3)       388.0000         -100.0000
           X( 4)       499.0000         -50.00000
           S( 3)       212.0000          50.00000
           S( 4)       1.000000          40.00000
```

6.4 LINGO 软件与其他软件交换数据

LINGO 软件提供了输入/输出函数与外部数据源建立连接交换数据,使得数据可以独立于模型。例1说明了 LINGO 软件读取 Excel、Txt 数据文件的过程。

例1 设有如表6-8所示的运输问题,试确定该运输问题的费用最小调运方案。

表6-8 单位运价表

产地＼销地	B_1	B_2	B_3	B_4	产量
A_1	10	2	20	11	15
A_2	12	7	9	20	25
A_3	2	14	16	18	5
销量	5	15	15	10	

模型建立 设 $x_{ij}(i=1,2,3;j=1,2,3,4)$ 表示产地 A_i 运到销地 B_j 的量,c_{ij} 表示产地 A_i 到 B_j 的单位运价,d_j 表示销地 B_j 的需求量,e_i 表示产地 A_i 的产量,建立如下线性规划模型:

$$\min\ z = \sum_{i=1}^{3}\sum_{j=1}^{4} c_{ij} x_{ij}$$

$$\text{s.t.}\ \sum_{i=1}^{3} x_{ij} = d_j, j=1,2,3,4$$

$$\sum_{j=1}^{4} x_{ij} = e_i, i=1,2,3$$

$$x_{ij} \geq 0, i=1,2,3, j=1,2,3,4$$

模型求解 使用 LINGO 软件,编制程序如下:

```
model:
sets:
  field/field1,field2,field3/:output;
  outlet/outlet1,outlet2,outlet3,outlet4/:sale;
  links(field,outlet):cost,volume;
endsets
min = @sum(links(i,j):cost(i,j)*volume(i,j));
@for(outlet(j):@sum(field(i):volume(i,j))=sale(j));
@for(field(i):@sum(outlet(j):volume(i,j))=output(i));
data:
  sale = 5 15 15 10;
  output = 15 25 5;
  cost = 10 2 20 11
         12 7 9 20
         2 14 16 28;
enddata
end
```

运行上面的程序,得最优值与非零决策变量的值为

```
Global optimal solution found.
Objective value:                   335.0000
Infeasibilities:                   0.000000
```

```
Total solver iterations:                                    5
                Variable           Value           Reduced Cost
      VOLUME( FIELD1, OUTLET2)     5.000000         0.000000
      VOLUME( FIELD1, OUTLET4)    10.00000          0.000000
      VOLUME( FIELD2, OUTLET2)    10.00000          0.000000
      VOLUME( FIELD2, OUTLET3)    15.00000          0.000000
      VOLUME( FIELD3, OUTLET1)     5.000000         0.000000
```

最小运费为335；A_1产地向B_2，B_4销地运送量分别为5，10。A_2产地向B_2，B_3销地的运送量分别为10，15。A_3产地向B_1销地的运送量为5。

6.4.1 通过文本文件输入数据

LINGO从文本文件读入数据使用的是@file函数，通常在模型的集合段和数据段部分使用。其语法是

@file('filename')

其中filename为存放数据的文件名（可以包含完整的路径名，没有指定路径时表示在当前目录下寻找这个文件），该文件中记录之间必须用"~"分开。

将运输实例1的数据存入文本文件transportation problem.txt中，格式如下：

```
! 产地成员;
field1,field2,field3 ~
! 销售地点;
outlet1,outlet2,outlet3,outlet4 ~
! 销量;
5 15 15 10 ~
! 产量;
15 25 5 ~
10 2 20 11
12 7 9 20
2 14 16 28
```

运行实例的集合段和数据段可改写如下：

```
model:
 sets:
     field/@file('transportation problem.txt')/:output;
     outlet/@file('transportation problem.txt')/:sale;
     links(field,outlet):cost,volume;
 endsets
 min=@sum(links(i,j):cost(i,j)*volume(i,j));
 @for(outlet(j):@sum(field(i):volume(i,j))=sale(j));
 @for(field(i):@sum(outlet(j):volume(i,j))=output(i));
 data:
     sale=@file('transportation problem.txt');
     output=@file('transportation problem.txt');
```

```
        cost = @ file('transportation problem.txt');
    enddata
end
```

注:模型的集合段和数据段中多次用到@ file('transportation problem. txt'),每次在文件中读取一个记录。文本文件中的最后一个记录不用加"~"。

6.4.2 通过 Excel 文件输入数据

LINGO 从 Excel(本文以 Excel 2007 版本为例)文件读入数据使用的是@ ole 函数,通常只在数据段使用这个函数。这个函数的一般用法是

@ ole('filename'[,range_name_list])

其中 filename 是电子表格文件的名称,range_name_list 是指文件中包含数据的单元格范围名称列表,如果指定单元格范围的名称与属性值同名,可以省略单元格范围名称。

在 Excel 中定义单元格范围名称的方法:
(1) 按鼠标左键拖曳选择单元格范围。
(2) 释放鼠标按钮,单击右键。
(3) 选择"定义名称"。
(4) 输入希望的名字。
(5) 单击"确定"按钮完成。

例1 中的 Excel 数据如图6-9 所示。

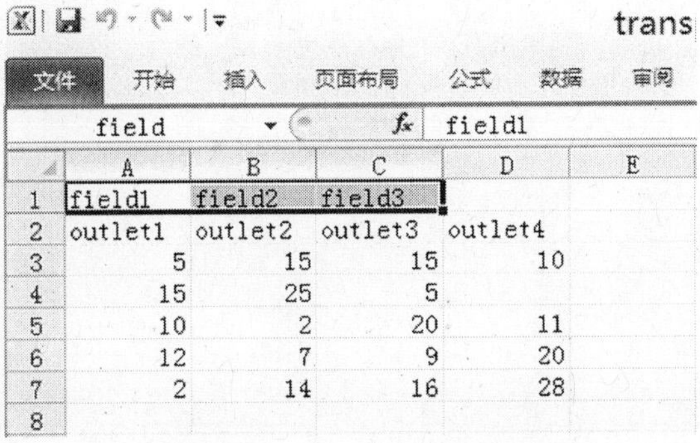

图 6-9 Excel 中的数据图

运输实例的 LINGO 模型可改写如下:
```
model:
 sets:
      field:output;
      outlet:sale;
      links(field,outlet):cost,volume;
 endsets
  min = @ sum(links(i,j):cost(i,j) * volume(i,j));
  @ for(outlet(j):@ sum(field(i):volume(i,j)) = sale(j));
  @ for(field(i):@ sum(outlet(j):volume(i,j)) = output(i));
```

```
data:
    field = @ ole('transportation problem.xlsx');
    outlet = @ ole('transportation problem.xlsx');
    sale = @ ole('transportation problem.xlsx');
    output = @ ole('transportation problem.xlsx');
    cost = @ ole('transportation problem.xlsx');
  enddata
end
```

第七章 线性规划与目标规划案例的 LINGO 求解

7.1 线性规划案例求解

本节主要是利用 LINGO 软件求解若干常用的线性规划案例模型。

例 1 一个车间加工 3 种零件,其需求量分别为 4000 件、5000 件、3500 件。车间内的 4 台机床,都可用来加工,每台机床可利用工时分别为 1600、1250、1800、2000。机床加工零件所需工时和成本由表 7-1 给出。问如何安排生产,才可使生产成本最低?

表 7-1 机床加工零件所需工时和成本

机床	定额/(工时/件)			成本/(元/件)		
	零件 1	零件 2	零件 3	零件 1	零件 2	零件 3
机床 1	0.3	0.2	0.8	4	6	12
机床 2	0.25	0.3	0.6	4	7	10
机床 3	0.2	0.2	0.6	5	5	8
机床 4	0.2	0.25	0.5	7	6	11

模型建立 设机床 i 加工零件 j 的单位工时为 $timecost_{ij}$,成本为 $cost_{ij}$,件数为 x_{ij},机床的时间限制为 $timelimit_i$,零件的需求量为 $d_j(i=1,2,3,4, j=1,2,3)$。则该问题的数学模型如下:

$$\min \quad z = \sum_{i=1}^{4} \sum_{j=1}^{3} cost_{ij} x_{ij}$$

$$\text{s.t.} \quad \sum_{i=1}^{4} x_{ij} = d_j, j = 1,2,3$$

$$\sum_{j=1}^{3} timecost_{ij} x_{ij} \leq timelimit_i, i = 1,2,3,4$$

x_{ij} 为非负整数,$i=1,2,3,4, j=1,2,3$

模型求解 在 LINGO 12.0 窗口中输入如下程序:

```
model:
 sets:
  machines/1..4/:timelimit;
  parts/1..3/:d;
  link(machines,parts):x,cost,timecost;
```

```
endsets
data:
    timecost = 0.3 0.2 0.8
               0.25 0.3 0.6
               0.2 0.2 0.6
               0.2 0.25 0.5;
    cost = 4 6 12
           4 7 10
           5 5 8
           7 6 11;
    d = 4000,5000,3500;
    timelimit = 1600,1250,1800,2000;
enddata
min = @sum(link:cost*x);
@for(parts(j):@sum(machines(i):x(i,j)) = d(j));
@for(machines(j):@sum(parts(i):timecost(j,i)*x(j,i)) < timelimit(j));
@for(link:@gin(x));
end
```

运行上面的程序,得最优值及非零决策变量值如下:

```
Global optimal solution found.
Objective value:                    73417.00
Infeasibilities:                    0.000000
Total solver iterations:                   5

        Variable      Value        Reduced Cost
        X( 1, 1)      4000.000     4.000000
        X( 1, 2)      2.000000     6.000000
        X( 2, 3)      2083.000     10.00000
        X( 3, 2)      4998.000     5.000000
        X( 3, 3)      1334.000     8.000000
        X( 4, 3)      83.00000     11.00000
```

例2 某糖果厂用原料 A,B,C 加工成3种不同牌号的糖果甲、乙、丙。已知各种牌号糖果中原料 A,B,C 的含量、原料成本、各种原料的每月限制用量,3种牌号糖果的加工费及售价,如表7-2所示。问该厂每月应生产这3种牌号糖果各多少千克,使该厂获利最大?

表7-2 产品和原料信息

	甲	乙	丙	原料成本/(元/kg)	每月限用量/(kg)
A	≥70%	≥10%	≤10%	2	2000
B	≤5%	≤30%	≤30%	1	1500
C	≤20%	≤60%	≤50%	1	1000
加工费/(元/kg)	0.5	0.5	0.4		
售价	3	2.8	2.2		

模型建立 设该厂每月生产甲、乙、丙糖果时用去原料 A,B,C 的量分别是 $x_{11},x_{21},x_{31};x_{12},x_{22},x_{32};x_{13},x_{23},x_{33}$(kg);甲、乙、丙糖的加工费与售价分别为 $charg\,e_j$、$pric\,e_j$;设原材料 A,B,C 的成本与每月限用量分别为 $cos\,t_i$、$limi\,t_i$。则每月生产甲、乙、丙牌号糖果的量分别为 $x_{11}+x_{21}+x_{31};x_{12}+x_{22}+x_{32};x_{13}+x_{23}+x_{33}$(kg)。故原问题的线性规划模型为

$$\max\ z = \sum_{j=1}^{3}\left((pric\,e_j - charg\,e_j)\sum_{i=1}^{3}x_{ij}\right) - \sum_{i=1}^{3}\left(cos\,t_i\sum_{j=1}^{3}x_{ij}\right)$$

$$\text{s.t.}\quad x_{11} \geq 0.7\sum_{i=1}^{3}x_{i1}$$

$$x_{21} \leq 0.05\sum_{i=1}^{3}x_{i1}$$

$$x_{31} \leq 0.2\sum_{i=1}^{3}x_{i1}$$

$$x_{12} \geq 0.1\sum_{i=1}^{3}x_{i2}$$

$$x_{22} \leq 0.3\sum_{i=1}^{3}x_{i2}$$

$$x_{32} \leq 0.6\sum_{i=1}^{3}x_{i2}$$

$$x_{13} \leq 0.1\sum_{i=1}^{3}x_{i3}$$

$$x_{23} \leq 0.3\sum_{i=1}^{3}x_{i3}$$

$$x_{33} \leq 0.5\sum_{i=1}^{3}x_{i3}$$

$$\sum_{j=1}^{3}x_{ij} \leq limi\,t_i,\ i=1,2,3$$

$$x_{ij} \geq 0,\ i,j=1,2,3$$

模型求解 LINGO 程序代码如下:

```
model:
sets:
   materials/1,2,3/:cost,limit;
   names/1..3/:charge,price;
   link(materials,names):x;
endsets
data:
   cost = 2 1 1;
   limit = 2000 1500 1000;
   charge = 0.5 0.5 0.4;
   price = 3 2.8 2.2;
enddata
```

```
max = @sum(link(i,j):(price(j) - charge(j)) * @sum(names(i):x(i,j))) - @sum
(materials(i):cost(i) * @sum(names(j):x(i,j)));
x(1,1) > 0.7 * @sum(names(i):x(i,1));
x(2,1) < 0.05 * @sum(names(i):x(i,1));
x(3,1) < 0.2 * @sum(names(i):x(i,1));
x(1,2) > 0.1 * @sum(names(i):x(i,2));
x(2,2) < 0.3 * @sum(names(i):x(i,2));
x(3,2) < 0.6 * @sum(names(i):x(i,2));
x(1,3) > 0.1 * @sum(names(i):x(i,3));
x(2,3) < 0.3 * @sum(names(i):x(i,3));
x(3,3) < 0.5 * @sum(names(i):x(i,3));
@for(names(i):@sum(materials(j):x(i,j)) < limit(i));
end
```

运行上面的程序,最大值与非零决策变量的值如下:

```
Global optimal solution found.
Objective value:                          3571.429
Infeasibilities:                          0.000000
Total solver iterations:                         5

         Variable         Value        Reduced Cost
          X( 1, 2)      2000.000         0.000000
          X( 2, 2)      1285.714         0.000000
          X( 3, 2)      1000.000         0.000000
```

例3 某厂生产3种产品Ⅰ,Ⅱ,Ⅲ,每种产品要经过A,B两道工序加工。设该厂有两种规格的设备能完成A工序,它们以A_1,A_2表示;有3种规格的设备能完成B工序,它们以B_1,B_2,B_3表示。产品Ⅰ可在A,B任何一种规格设备上加工。产品Ⅱ可在任何规格的A设备上加工,但完成B工序时,只能在B_1设备上加工;产品Ⅲ只能在A_2与B_2设备上加工。已知在各种机床设备的单件工时,原材料费,产品销售价格,各种设备有效台时以及满负荷操作时机床设备的费用如表7-3所示,要求安排最优的生产计划,使该厂利润最大。

表7-3 产品加工数据表

设备	产品			设备有效台时	满负荷时的设备费用/元
	Ⅰ	Ⅱ	Ⅲ		
A_1	5	10		6000	300
A_2	7	9	12	10000	321
B_1	6	8		4000	250
B_2	4		11	7000	783
B_3	7			4000	200
原料费/(元/件)	0.25	0.35	0.50		
单价/(元/件)	1.25	2.00	2.80		

模型建立 设 $x_{11},x_{12},x_{21},x_{22},x_{23},x_{31},x_{32},x_{41},x_{43},x_{51}$ 分别表示设备 A_1,A_2,B_1,B_2,B_3 加工产品Ⅰ,Ⅱ,Ⅲ数量。则该问题的数学模型为

$$\max\ z = (1.25 - 0.25) \times (x_{11} + x_{21}) + (2.00 - 0.35) \times (x_{12} + x_{22}) +$$
$$(2.80 - 0.50) \times x_{23} - \frac{300}{6000} \times (5x_{11} + 10x_{12}) - \frac{321}{1000} \times$$
$$(7x_{21} + 9x_{22} + 12x_{23}) - \frac{250}{4000} \times (6x_{31} + 8x_{32}) -$$
$$\frac{783}{7000}(4x_{41} + 11x_{43}) - \frac{200}{4000} \times 7x_{51}$$

s.t. $5x_{11} + 10x_{12} \leqslant 6000$

$7x_{21} + 9x_{22} + 12x_{23} \leqslant 10000$

$6x_{31} + 8x_{32} \leqslant 4000$

$4x_{41} + 11x_{43} \leqslant 7000$

$7x_{51} \leqslant 4000$

$x_{11} + x_{21} = x_{31} + x_{41} + x_{51}$

$x_{12} + x_{22} = x_{32}$

$x_{23} = x_{43}$

$x_{ij} \geqslant 0$ 且为整数,$i = 1,2,\cdots,5, j = 1,2,3$

模型求解 上述模型的LINGO代码如下：

```
model:
sets:
    equipment/1..5/:payload,expenses,ep;
    product/1..3/:charge,price,pc;
    link(equipment,product)/1,1 1,2 2,1 2,2 2,3 3,1 3,2 4,1 4,3 5,1/:t,x;
endsets
data:
    payload=6000,10000,4000,7000,4000;
    expenses=300,321,250,783,200;
    charge=0.25,0.35,0.50;
    price=1.25,2.00,2.80;
enddata
calc:
@for(equipment(i):ep(i)=expenses(i)/payload(i));
@for(product(j):pc(j)=price(j)-charge(j));
endcalc
max=pc(1)*(x(1,1)+x(2,1))+pc(2)*(x(1,2)+x(2,2))+pc(3)*x(2,3)-ep(1)*
(5*x(1,1)+10*x(1,2))
-ep(2)*(7*x(2,1)+9*x(2,2)+12*x(2,3))-ep(3)*(6*x(3,1)+8*x(3,2))-ep
(4)*(4*x(4,1)+11*x(4,3))
-ep(5)*7*x(5,1);
  5*x(1,1)+10*x(1,2)<6000;
```

```
7*x(2,1) +9*x(2,2) +12*x(2,3) <10000;
6*x(3,1) +8*x(3,2) <4000;
4*x(4,1) +11*x(4,3) <7000;
7*x(5,1) <4000;
x(1,1) +x(2,1) =x(3,1) +x(4,1) +x(5,1);
x(1,2) +x(2,2) =x(3,2);
x(2,3) =x(4,3);
@for(link:@gin(x));
end
```

运行程序得最优值与非零最优解的结果如下：

```
Global optimal solution found.
Objective value:                    1146.414
Objective bound:                    1146.414
Infeasibilities:                    0.000000
Extended solver steps:                     0
Total solver iterations:                  20
Variable           Value        Reduced Cost
X( 1, 1)        1200.000         -0.7500000
X( 2, 1)        230.0000         -0.7753000
       X( 2, 2)        500.0000         -1.361100
       X( 2, 3)        324.0000         -1.914800
       X( 3, 2)        500.0000          0.5000000
       X( 4, 1)        859.0000          0.4474286
       X( 4, 3)        324.0000          1.230429
       X( 5, 1)        571.0000          0.3500000
```

例4 有一艘货轮，分前、中、后 3 个舱位，它们的容积与最大能允许载重量如表 7-4 所示。

表 7-4 三个船舱的最大载重量与最大容积

	前舱	中舱	后舱
最大载重量/t	2000	3000	1500
最大容积/m³	4000	5400	1500

现在 3 种货物待运，已知有关数据列于表 7-5。又为了航运安全，要求前、后舱分别与中舱之间载重量比例的上下偏差不超过 15%，前、后舱之间不超过 10%。问该货轮应装载 A,B,C 各多少件，运费收入为最大？

表 7-5 商品信息数据表

商品	数量/件	每件体积/m³	每件重量/t	运价/(元/件)
A	600	10	8	1000
B	1000	5	6	700
C	800	7	5	600

模型建立 设 $i=1,2,3$ 分别代表商品 A,B,C；$j=1,2,3$ 分别代表前、中、后舱；x_{ij} 为第 i 种商品装于第 j 舱位的数量；$t_j,v_j(j=1,2,3)$ 分别代表前、中、后舱的最大载重量与最大容积；商品 A,B,C 的数量、每件体积、每件重量、单位运价分别为 $volume_i, pv_i, pt_i, cost_i$。则该问题的数学模型为

$$\max \quad z = \sum_{i=1}^{3} \left(cost_i \sum_{j=1}^{3} x_{ij} \right)$$

$$\text{s.t.} \quad \sum_{j=1}^{3} x_{ij} \leq volume_i, i=1,2,3$$

$$\sum_{i=1}^{3} pv_i x_{ij} \leq v_j, j=1,2,3$$

$$\sum_{i=1}^{3} pt_i x_{ij} \leq t_j, j=1,2,3$$

$$0.85 \leq \frac{\sum_{i=1}^{3} pt_i x_{ij}}{\sum_{i=1}^{3} pt_i x_{i2}} \leq 1.15, j=1,3$$

$$0.9 \leq \frac{\sum_{i=1}^{3} pt_i x_{i1}}{\sum_{i=1}^{3} pt_i x_{i3}} \leq 1.1$$

x_{ij} 为非负整数，$i=1,2,3, j=1,2,3$

模型求解 这个模型的 LINGO 程序如下：

```
model:
 sets:
   product/1..3/:volume,pv,pt,cost;
   room/1..3/:t,v;
   link(product,room):x;
 endsets
 data:
   t=2000 3000 1500;
   v=4000 5400 1500;
   volume=600 1000 800;
   pv=10 5 7;
   pt=8 6 5;
   cost=1000 700 600;
 enddata
max=@sum(product(i):cost(i)*@sum(room(j):x(i,j)));
@for(product(i):@sum(room(j):x(i,j))<volume(i));
@for(room(j):@sum(product(i):pv(i)*x(i,j))<v(j));
@for(room(j):@sum(product(i):pt(i)*x(i,j))<t(j));
  @for(room(j)|j#ne#2:
```

```
    @ sum(product(i):pt(i)*x(i,j))<1.15*@ sum(product(i):pt(i)*x(i,2));
    @ sum(product(i):pt(i)*x(i,j))>0.85*@ sum(product(i):pt(i)*x(i,
2)););
 @ sum(product(i):pt(i)*x(i,1))<1.1*@ sum(product(i):pt(i)*x(i,3));
 @ sum(product(i):pt(i)*x(i,1))>0.9*@ sum(product(i):pt(i)*x(i,3));
@ for(link:@ gin(x));
end
```

运行上面的程序,得运费最大值及非零决策变量值如下:

```
Global optimal solution found.
Objective value:                          606600.0
Objective bound:                          606600.0
Infeasibilities:                          0.000000
Extended solver steps:                           0
Total solver iterations:                       123
            Variable        Value        Reduced Cost
            X( 1, 1)        205.0000     -1000.000
            X( 1, 2)        218.0000     -1000.000
            X( 1, 3)        75.00000     -1000.000
            X( 2, 3)        150.0000     -700.0000
            X( 3, 1)        2.000000     -600.0000
            X( 3, 2)        4.000000     -600.0000
```

7.2 目标规划案例求解

目标规划是美国学者查恩斯和库伯于 1961 年提出的一种处理多目标规划的方法。该方法首先确定各个目标希望达到的预定值,并按重要程度对这些目标排序,然后运用线性规划方法求出一个使得离各目标预定值的总偏差最小的方案。

例1 已知有 3 个产地给 4 个销地供应某种产品,产销地之间的供需量和单位运价如表 7-6 所示。有关部门在研究调运方案时依次考虑以下 7 项目标,并规定其相应的优先级:

第一优先级:B_4 是重点保证单位,必须全部满足其需要。
第二优先级:A_3 向 B_1 提供的产量不少于 100。
第三优先级:每个销地的供应量不小于其需要量的 80%。
第四优先级:所定调运方案的总运费不超过最小运费调运方案的 10%。
第五优先级:因路段的问题,尽量避免安排将 A_2 的产品运往 B_4。
第六优先级:给 B_1 和 B_3 的供应率要相同。
第七优先级:力求总运费最省。
试求满意的调运方案。

表7-6 供需量和单位运价表

产地\销地	B_1	B_2	B_3	B_4	产量
A_1	5	2	6	7	300
A_2	3	5	4	6	200
A_3	4	5	2	3	400
销量	200	100	450	250	900/1000

模型建立　这是一个典型的产量小于销量的运输问题。如果不考虑优先级问题,仅将其看作一普通的运输问题,编程计算得:最少总运费为2950。下面按题中的要求依优先级顺序建立数学型。设 $c_{ij}, x_{ij}(i=1,2,3, j=1,2,3,4)$ 分别表示产地 A_1, A_2, A_3 向销地 B_1, B_2, B_3, B_4 的单位运价和运送量;$\mathrm{deman}\, d_j (j=1,2,3,4)$ 分别表示4个销地的需求量;$\mathrm{produc}\, t_i (i=1,2,3)$ 分别表示3个产地的产量。根据题中条件,建立如下的目标规划模型。

$$\min\ z = p_1 d_4^- + p_2 d_5^- + p_3 (d_6^- + d_7^- + d_8^- + d_9^-) + p_4 d_{10}^+ + p_5 d_{11}^- + p_6 (d_{12}^- + d_{12}^+) + p_7 d_{13}^+$$

s.t.
$$\sum_{j=1}^{4} x_{ij} \leq \mathrm{produc}\, t_i, i=1,2,3$$

$$\sum_{i=1}^{3} x_{ij} + d_j^- - d_j^+ = \mathrm{deman}\, d_j, j=1,2,3,4$$

$$x_{31} + d_5^- - d_5^+ = 100$$

$$\sum_{i=1}^{3} x_{ij} + d_{j+5}^- - d_{j+5}^+ = 0.8 \times \mathrm{deman}\, d_j, j=1,2,3,4$$

$$\sum_{i=1}^{3} \sum_{j=1}^{4} c_{ij} x_{ij} + d_{10}^- - d_{10}^+ = 2950 \times (1+10\%)$$

$$x_{24} + d_{11}^- - d_{11}^+ = 0$$

$$\sum_{i=1}^{3} x_{i1} - \frac{200}{450} \sum_{i=1}^{3} x_{i3} + d_{12}^- - d_{12}^+ = 0$$

$$\sum_{i=1}^{3} \sum_{j=1}^{4} c_{ij} x_{ij} + d_{13}^- - d_{13}^+ = 2950$$

$$x_{ij}, d_s^-, d_s^+ \geq 0, i=1,2,3, j=1,2,3,4, s=1,2,\cdots,13$$

模型求解　该模型的LINGO程序代码如下:

```
model:
sets:
    level/1..7/:p,z,goal;
    pro_region/1..3/:product;
    outlet/1..4/:demand;
    link(pro_region,outlet):c,x;
    s_con_num/1..13/:dplus,dminus;
endsets
```

```
data:
    ctr = ?;
    goal = ? ? ? ? ? ? 0;
    c = 5 2 6 7
        3 5 4 6
        4 5 2 3;
    demand = 200 100 450 250;
    product = 300 200 400;
enddata
min = @sum(level:p*z);
@for(level(i)|i#lt#@size(level):@bnd(0,z(i),goal(i)));
z(1) = dminus(4);z(2) = dminus(5);z(3) = dminus(6) + dminus(7) + dminus(8) + dminus(9);
    z(4) = dplus(10);z(5) = dplus(11);
    z(6) = dminus(12) + dplus(12);
    z(7) = dplus(13);
p(ctr) = 1;
@for(level(i)|i#ne#ctr:p(i) = 0);
@for(pro_region(i):@sum(outlet(j):x(i,j)) < product(i));
@for(outlet(j):@sum(pro_region(i):x(i,j)) + dminus(j) - dplus(j) = demand(j););
    x(3,1) + dminus(5) - dplus(5) = 100;
@for(outlet(j):@sum(pro_region(i):x(i,j)) + dminus(j+5) - dplus(j+5) = 0.8*demand(j));
@sum(link:c*x) + dminus(10) - dplus(10) = 2950*1.1;
    x(2,4) + dminus(11) - dplus(11) = 0;
@sum(pro_region(i):x(i,1)) - 4/9*@sum(pro_region(i):x(i,3)) + dminus(12) - dplus(12) = 0;
@sum(link:c*x) + dminus(13) - dplus(13) = 2950;
end
```

在第 1 次运行程序时,会弹出如图 7-1 所示的临时数据输入对话框。CTR 输入 1,然后弹出如图 7-2 所示的 GOAL(1) 临时数据输入对话框,在输入框内输入一个较大的数值。接下来还会有 5 个 GOAL 临时数据输入对话框,将输入一个较大的数值。

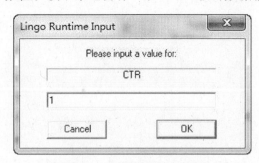

图 7-1 CTR 数据输入对话框

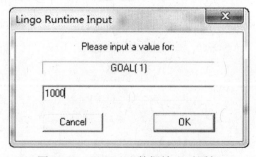

图 7-2 GOAL(1) 数据输入对话框

第 1 次运行的部分结果如下：

```
Global optimal solution found.
  Objective value:                          0.000000
  Infeasibilities:                          0.000000
  Total solver iterations:                         6
              Variable       Value        Reduced Cost
              Z( 1)          0.000000     0.000000
              Z( 2)          100.0000     0.000000
              Z( 3)          0.000000     0.000000
              Z( 4)          1000.000     0.000000
              Z( 5)          1000.000     0.000000
              Z( 6)          0.000000     0.000000
              Z( 7)          250.0000     0.000000
```

第 2 次运行程序时，依然会弹出如图 7-1 所示的对话框，这次输入数值 2；在弹出 GOAL(1) 对话框时，根据第一次的运行结果 $Z(1)=0$，输入数值 0；其他的 GOAL 对话框仍输入较大的数值。第 2 次运行的部分结果如下：

```
Global optimal solution found.
  Objective value:                          0.000000
  Infeasibilities:                          0.000000
  Total solver iterations:                         9
              Variable       Value        Reduced Cost
Z( 1)         0.000000       0.000000
              Z( 2)          0.000000     0.000000
              Z( 3)          0.000000     0.000000
              Z( 4)          1000.000     0.000000
              Z( 5)          1000.000     0.000000
              Z( 6)          0.000000     0.000000
              Z( 7)          720.0000     0.000000
```

第 3 次运行程序时，在 CTR 的临时数据输入框中输入数值 3；根据第 2 次的运行结果，即 $Z(1)=0$，$Z(2)=0$，将 GOAL(1)、GOAL(2) 的数据输入框中相应地输入数据 0、0，其他的 GOAL 数据仍然输入较大的数据。然后，就会得到第 3 次的运行结果。

如此经过 7 次计算，最终的非零决策变量结果如下：

```
Global optimal solution found.
  Objective value:                          320.0000
  Infeasibilities:                          0.000000
  Total solver iterations:                        11
              Variable       Value        Reduced Cost
              X( 1, 2)       80.0000      0.000000
              X( 1, 4)       170.0000     0.000000
              X( 2, 1)       60.00000     0.000000
              X( 2, 3)       140.0000     0.000000
              X( 3, 1)       100.0000     0.000000
```

| | X(3, 3) | 220.0000 | 0.000000 |
| | X(3, 4) | 80.00000 | 0.000000 |

总运费为

$2\times 80+7\times 170+3\times 60+4\times 140+4\times 100+2\times 220+3\times 80=3170(元)$

对于本例中的模型,也可以按目标分级编程求解。

求第 1 级目标。写出 LINGO 程序如下:

```
model:
sets:
    pro_region/1..3/:product;
    outlet/1..4/:demand;
    link(pro_region,outlet):c,x;
    s_con_num/1..13/:dplus,dminus;
endsets
data:
    c = 5 2 6 7
        3 5 4 6
        4 5 2 3;
    demand = 200 100 450 250;
    product = 300 200 400;
enddata
min = dminus(4);
@for(pro_region(i):@sum(outlet(j):x(i,j)) < product(i));
  @for(outlet(j):@sum(pro_region(i):x(i,j)) + dminus(j) - dplus(j) = demand(j)););
  x(3,1) + dminus(5) - dplus(5) = 100;
@for(outlet(j):@sum(pro_region(i):x(i,j)) + dminus(j+5) - dplus(j+5) = 0.8 * demand(j));
@sum(link:c*x) + dminus(10) - dplus(10) = 2950 * 1.1;
  x(2,4) + dminus(11) - dplus(11) = 0;
  @sum(pro_region(i):x(i,1)) - 4/9 * @sum(pro_region(i):x(i,3)) + dminus(12) - dplus(12) = 0;
@sum(link:c*x) + dminus(13) - dplus(13) = 2950;
end
```

运行程序,得最优值 dminus(4)=0。

求第 2 级目标。写出 LINGO 程序如下:

```
model:
sets:
    pro_region/1..3/:product;
    outlet/1..4/:demand;
    link(pro_region,outlet):c,x;
    s_con_num/1..13/:dplus,dminus;
endsets
```

```
data:
    c = 5 2 6 7
        3 5 4 6
        4 5 2 3;
    demand = 200 100 450 250;
    product = 300 200 400;
enddata
min = dminus(5);
@for(pro_region(i):@sum(outlet(j):x(i,j)) < product(i));
  @for(outlet(j):@sum(pro_region(i):x(i,j)) + dminus(j) - dplus(j) = demand(j)););
    x(3,1) + dminus(5) - dplus(5) = 100;
@for(outlet(j):@sum(pro_region(i):x(i,j)) + dminus(j+5) - dplus(j+5) = 0.8 * demand(j));
@sum(link:c*x) + dminus(10) - dplus(10) = 2950 * 1.1;
    x(2,4) + dminus(11) - dplus(11) = 0;
@sum(pro_region(i):x(i,1)) - 4/9 * @sum(pro_region(i):x(i,3)) + dminus(12) - dplus(12) = 0;
@sum(link:c*x) + dminus(13) - dplus(13) = 2950;
    dminus(4) = 0;
end
```

注：在求第 2 级目标时，"dminus(4) = 0;" 作一个约束条件。

运行程序，得最优结果 dminus(5) = 0。

求第 3 级目标。写出 LINGO 程序如下：

```
model:
sets:
    pro_region/1..3/:product;
    outlet/1..4/:demand;
    link(pro_region,outlet):c,x;
    s_con_num/1..13/:dplus,dminus;
endsets
data:
    c = 5 2 6 7
        3 5 4 6
        4 5 2 3;
    demand = 200 100 450 250;
    product = 300 200 400;
enddata
min = dminus(6) + dminus(7) + dminus(8) + dminus(9);
@for(pro_region(i):@sum(outlet(j):x(i,j)) < product(i));
  @for(outlet(j):@sum(pro_region(i):x(i,j)) + dminus(j) - dplus(j) = demand(j)););
```

113

```
  x(3,1) + dminus(5) - dplus(5) = 100;
  @for(outlet(j):@sum(pro_region(i):x(i,j)) + dminus(j+5) - dplus(j+5) = 0.8
*demand(j));
@sum(link:c*x) + dminus(10) - dplus(10) = 2950*1.1;
  x(2,4) + dminus(11) - dplus(11) = 0;
  @sum(pro_region(i):x(i,1)) - 4/9*@sum(pro_region(i):x(i,3)) + dminus(12) -
dplus(12) = 0;
  @sum(link:c*x) + dminus(13) - dplus(13) = 2950;
  dminus(4) = 0;dminus(5) = 0;
end
```

注：上面程序中"dminus(4)=0;dminus(5)=0;"作为约束条件必须写入。

如此进行下去,总是将前几次的目标函数及其最优值作为下一级程序的约束条件语句。需进行7次,才能得到最优运输方案。

第八章 运输问题模型的 LINGO 求解

运输问题可以叙述为:有 m 个产地出产某种物资,有 n 个销地能够销售该种物资,又知这 m 个产地的产量为 $output_i(i=1,2,\cdots,m)$,n 个销地的销量为 $sales_j(j=1,2,\cdots,n)$。从第 i 个产地到第 j 个销地的单位物资的运价为 $cost_{ij}$。若用 x_{ij} 代表第 i 个产地调运给第 j 个销地的单位物资数量。需要解决的问题是确定一个运输计划,在满足供需约束的条件下使得总运费最小。该问题的数学模型为

$$\min \quad z = \sum_{i=1}^{m} \sum_{j=1}^{n} cost_{ij} x_{ij}$$

$$\text{s.t.} \quad \sum_{j=1}^{n} x_{ij} \leq output_i, i=1,2,\cdots,m,$$

$$\sum_{i=1}^{m} x_{ij} \geq sales_j, j=1,2,\cdots,n$$

$$x_{ij} \geq 0, i=1,2,\cdots,m, j=1,2,\cdots,n$$

本章所要求解的就是各种各样的运输问题案例模型以及由运输问题所衍生的一些问题的模型。

8.1 产销平衡的运输问题

所谓产销平衡的运输问题就是生产数量与销售数量相等的运输问题。

例1 (极小化平衡运输问题)某公司经销某种产品。它下设 3 个加工厂以及 4 个销售点。每个工厂的日产量、各销售点的日销售量以及单位产品的运价如表 8-1 所示。

表 8-1 生产、销售和单位运价表

销地 工厂	B_1	B_2	B_3	B_4	产量
A_1	3	11	3	10	7
A_2	1	9	2	8	4
A_3	7	4	10	5	9
销量	3	6	5	6	

问该公司应如何调运产品,在满足各销点的需要量的前提下,使总运费为最少?

模型建立 设 x_{ij}, $cost_{ij}$ 分别表示从 A_i 到 B_j 的运量以及单位运费,$output_i$, $sales_j$ 分别表示

各个产地的产量、各销售点的销量。总运费最少的数学模型如下：

$$\min\ z = \sum_{i=1}^{3} \sum_{j=1}^{4} cost_{ij}\, x_{ij}$$

$$\text{s.t.}\ \sum_{i=1}^{3} x_{ij} = sales_j, j=1,2,3,4$$

$$\sum_{j=1}^{4} x_{ij} = output_i, i=1,2,3$$

$$x_{ij} \geq 0, i=1,2,3, j=1,2,3,4$$

模型求解 下面给出求解该模型的 LINGO 程序：

```
model:
  sets:
    factory/1,2,3/:output;
    outlet/1,2,3,4/:sales;
    link(factory,outlet):x,cost;
  endsets
  min=@sum(link(i,j):cost(i,j)*x(i,j));
  @for(outlet(j):@sum(factory(i):x(i,j))=sales(j));
  @for(factory(i):@sum(outlet(j):x(i,j))=output(i));
  data:
    output=7,4,9;
    sales=3,6,5,6;
    cost=3 11 3 10
         1 9 2 8
         7 4 10 5;
  enddata
end
```

运行该程序得非零变量值如下：

```
Global optimal solution found.
Objective value:                         85.00000
Infeasibilities:                         0.000000
Total solver iterations:                        7
          Variable          Value       Reduced Cost
          X( 1, 3)       5.000000          0.000000
          X( 1, 4)       2.000000          0.000000
          X( 2, 1)       3.000000          0.000000
          X( 2, 4)       1.000000          0.000000
          X( 3, 2)       6.000000          0.000000
          X( 3, 4)       3.000000          0.000000
```

例2 （极大化平衡运输问题）某公司拟去外地采购 A,B,C,D 4 种规格的商品，数量分别为 1500 个、2000 个、3000 个、3500 个。现有甲、乙、丙 3 个城市的供应商可以供应这些商品，供应数量分别为 2500 个、2500 个、5000 个。由于这 3 个供应商的商品质量、运价不同,使销售情况有差异,预计售出后的利润(元/个)也不同,如表8-2所示。请帮助该公司制订一个预期盈利最大的采购方案。

表8-2 预计销售利润表

商品 利润/(元/个) 供应商	A	B	C	D
甲	10	5	6	7
乙	8	2	7	6
丙	9	3	4	8

模型建立 设 $x_{ij}, c_{ij}(i=1,2,3,j=1,2,3,4)$ 分别表示公司向供应商甲、乙、丙采购 A,B,C,D 4 种规格商品的数量与相应不同采购商品的单位利润,$o_i(i=1,2,3)$ 表示甲、乙、丙 3 个供应商的最大供货量,$s_j(j=1,2,3,4)$ 表示公司需采购的 A,B,C,D 4 种规格商品的数量。则其数学模型如下:

$$\max \quad z = \sum_{i=1}^{3}\sum_{j=1}^{4} c_{ij} x_{ij}$$

$$\text{s.t.} \quad \sum_{i=1}^{3} x_{ij} = s_j, j = 1,2,3,4$$

$$\sum_{j=1}^{4} x_{ij} = o_i, i = 1,2,3$$

$$x_{ij} \geq 0, i = 1,2,3, j = 1,2,3,4$$

模型求解 求解该模型的 LINGO 程序如下:

```
model:
 sets:
    city/1,2,3/:o;
    commodity/1,2,3,4/:s;
    link(city,commodity):x,c;
 endsets
 max=@sum(link(i,j):c(i,j)*x(i,j));
 @for(commodity(j):@sum(city(i):x(i,j))=s(j));
 @for(city(i):@sum(commodity(j):x(i,j))=o(i));
 data:
  o=2500,2500,5000;
  s=1500,2000,3000,3500;
  c=10 5 6 7
    8 2 7 6
    9 3 4 8;
 enddata
end
```

运行该程序,得最优值与非零决策变量值如下:
Global optimal solution found.

Objective value:	72000.00
Infeasibilities:	0.000000
Total solver iterations:	7

Variable	Value	Reduced Cost
X(1, 2)	2000.000	0.000000
X(1, 3)	500.0000	0.000000
X(2, 3)	2500.000	0.000000
X(3, 1)	1500.000	0.000000
X(3, 4)	3500.000	0.000000

8.2 产销不平衡的运输问题

例1 (产量多于销量的问题)表8-3给出了运输问题的产、销量和单位运价表,求其最优调运方案及最小运费。

表8-3 产量、销量和运价表

产地＼销地	1	2	3	4	5	产量
1	10	20	5	9	10	5
2	2	10	8	30	6	6
3	1	20	7	10	4	2
4	8	6	3	7	5	9
销量	4	4	6	2	4	

模型建立 设 $x_{ij}, c_{ij}(i=1,2,3,4, j=1,2,3,4,5)$ 分别表示第 i 个产地向第 j 个销地运输的数量及单位运费,$o_i(i=1,2,3,4)$ 表示第 i 个产地的产量,s_j 表示第 j 个销地的销量。则该问题的数学模型如下:

$$\min\ z = \sum_{i=1}^{4}\sum_{j=1}^{5} c_{ij} x_{ij}$$

$$\text{s.t.}\ \sum_{i=1}^{4} x_{ij} = s_j, j = 1,2,3,4,5$$

$$\sum_{j=1}^{5} x_{ij} \leq o_i, i = 1,2,3,4$$

$$x_{ij} \geq 0, i = 1,2,3,4, j = 1,2,3,4,5$$

模型求解 在 LINGO 软件中输入如下的程序代码:

```
model:
sets:
  production/1,2,3,4/:s;
  sale/1,2,3,4,5/:o;
  link(production,sale):x,c;
```

```
endsets
min = @sum(link(i,j):c(i,j)*x(i,j));
@for(sale(j):@sum(production(i):x(i,j)) = o(j));
@for(production(i):@sum(sale(j):x(i,j)) < s(i));
data:
    s = 5,6,2,9;
    o = 4,4,6,2,4;
    c = 10 20 5 9 10
        2 10 8 30 6
        1 20 7 10 4
        8 6 3 7 5;
enddata
end
```

运行上面的程序,得最优值及非零决策变量的结果如下:

```
Global optimal solution found.
Objective value:                    90.00000
Infeasibilities:                    0.000000
Total solver iterations:            10
          Variable       Value      Reduced Cost
          X( 1, 3)       1.000000   0.000000
          X( 1, 4)       2.000000   0.000000
          X( 2, 1)       4.000000   0.000000
          X( 2, 5)       2.000000   0.000000
          X( 3, 5)       2.000000   0.000000
          X( 4, 2)       4.000000   0.000000
          X( 4, 3)       5.000000   0.000000
```

例2 (销量多于产量的问题)某公司有 B_1,B_2,B_3,B_4 4个工厂生产某种产品供应6个地区。由于工艺、技术等条件差别,各厂每吨产品成本分别为 1.2、1.4、1.1、1.5 (元),又由于行情不同,各地区销售价分别为每吨 2.0、2.4、1.8、2.2、1.6、2.0(元)。表8-4综合了各个工厂的产量、各地区的销售量以及从各工厂到各销地的运价。同时要求 A_3 区地至少要供应给100t, A_4 地区的要求必须全部满足,试确定该公司获利最大的产品调运方案。

表8-4 产量、销量和运价表

	A_1	A_2	A_3	A_4	A_5	A_6	产量
B_1	0.5	0.4	0.3	0.4	0.3	0.1	200
B_2	0.3	0.8	0.9	0.5	0.6	0.2	300
B_3	0.7	0.7	0.3	0.7	0.4	0.4	400
B_4	0.6	0.4	0.2	0.6	0.5	0.8	100
需求量	200	150	400	100	150	150	

模型建立 设 $x_{ij}, c_{ij}(i=1,2,3,4; j=1,2,3,4,5,6)$ 分别表示第 B_i 产地向第 A_j 销地运输的数量及单位运费，$o_i, co_i(i=1,2,3,4)$ 分别表示 B_i 产地的产量与单位成本，$s_j, p_j(j=1,2,3,4,5,6)$ 分别表示 A_j 销地的销量与单位售价。则该问题的数学模型如下：

$$\max \quad z = \sum_{j=1}^{6}\left(p_j \sum_{i=1}^{4} x_{ij}\right) - \sum_{i=1}^{4}\left(co_i \sum_{j=1}^{6} x_{ij}\right) - \sum_{i=1}^{4}\sum_{j=1}^{6} c_{ij} x_{ij}$$

$$\text{s.t.} \quad \sum_{i=1}^{4} x_{ij} \leq s_j, j=1,2,3,4,5,6$$

$$\sum_{j=1}^{6} x_{ij} = o_i, i=1,2,3,4$$

$$\sum_{i=1}^{4} x_{i3} \geq 100$$

$$\sum_{i=1}^{4} x_{i4} = 100$$

$$x_{ij} \geq 0, i=1,2,3,4, j=1,2,\cdots,6$$

模型求解 在 LINGO 软件中输入如下的程序代码：

```
model:
 sets:
    factory/1..4/:o,co;
    commodity/1..6/:s,p;
    link(factory,commodity):x,c;
 endsets
 max=@sum(commodity(j):p(j)*@sum(factory(i):x(i,j)))-@sum(factory(i):
co(i)*@sum(commodity(j):x(i,j)))-@sum(link(i,j):c(i,j)*x(i,j));
 @for(commodity(j):@sum(factory(i):x(i,j))<s(j));
 @for(factory(i):@sum(commodity(j):x(i,j))=o(i));
 @sum(factory(i):x(i,3))>100;
 @sum(factory(i):x(i,4))=100;
 data:
    co=1.2 1.4 1.1 1.5;
    p=2.0 2.4 1.8 2.2 1.6 2.0;
    s=200,150,400,100,150,150;
    o=200 300 400 100;
    c=0.5 0.4 0.3 0.4 0.3 0.1
      0.3 0.8 0.9 0.5 0.6 0.2
      0.7 0.7 0.3 0.7 0.4 0.4
      0.6 0.4 0.2 0.6 0.5 0.8;
 enddata
end
```

运行该程序得非零变量的结果如下：

```
Global optimal solution found.
Objective value:                           445.0000
Infeasibilities:                           0.000000
Total solver iterations:                         11
            Variable         Value      Reduced Cost
            X( 1, 2)      50.00000        0.000000
            X( 1, 4)      100.0000        0.000000
X( 1, 6)    50.00000      0.000000
            X( 2, 1)      200.0000        0.000000
            X( 2, 6)      100.0000        0.000000
            X( 3, 3)      400.0000        0.000000
            X( 4, 2)      100.0000        0.000000
```

8.3 转运问题

转运问题就是将工厂生产出的产品经过某些中间环节,如仓库、配送中心等间接地送到顾客手中。由于每个工厂到各个仓库和各个仓库到不同的顾客之间的运费单价是不同的,如果任意地将工厂生产的产品放到仓库中再送到顾客手中将会产生不必要的开销,增加了成本。本节主要是利用 LINGO 软件求解含有转运环节的运输问题的费用问题。

例1 设有 2 个工厂 A_1, A_2,产量分别为 9,8 个单位;4 个顾客分别为 C_1, C_2, C_3, C_4,需求量分别为 3,5,4,5;3 个仓库 B_1, B_2, B_3。其中工厂到仓库、仓库到顾客的运费单价如表 8-5 所示。试求总运费最少的运输方案以及总运费。

表 8-5 产品运费表

	A_1	A_2	C_1	C_2	C_3	C_4
B_1	1	3	5	7	100	100
B_2	2	1	9	6	7	100
B_3	100	2	100	6	7	4

模型建立 设 a_1, a_2 表示 2 个工厂 A_1, A_2 的产量,$c_j (j=1,2,3,4)$ 表示 4 个顾客 C_1, C_2, C_3, C_4 的需求量。$cAB_{ij}, x_{ij} (i=1,2, j=1,2,3)$ 分别表示 2 个工厂到 3 个仓库的单位运费和运送量,$cBC_{jk}, y_{jk} (j=1,2,3, k=1,2,3,4)$ 分别表示产品从 3 个仓库到 4 个顾客的单位运费和运送量。则总运费最少的运输方案模型如下:

$$\min \quad z = \sum_{i=1}^{2} \sum_{j=1}^{3} cAB_{ij} x_{ij} + \sum_{j=1}^{3} \sum_{k=1}^{4} cBC_{jk} y_{jk}$$

$$\text{s.t.} \quad \sum_{j=1}^{3} x_{ij} = a_i, i = 1,2$$

$$\sum_{j=1}^{3} y_{jk} = c_k, k = 1,2,3,4$$

$$\sum_{i=1}^{2} x_{ij} = \sum_{k=1}^{4} y_{jk}, j = 1,2,3$$

$$x_{ij}, y_{jk} \geq 0, i = 1,2, j = 1,2,3, k = 1,2,3,4$$

模型求解 在 LINGO 软件中输入如下程序:

```
model:
 sets:
    factory/1,2/:a;
    warehouse/1..3/;
    client/1..4/:c;
    link1(factory,warehouse):cAB,x;
    link2(warehouse,client):cBC,y;
 endsets
 min = @sum(link1(i,j):cAB(i,j)*x(i,j)) + @sum(link2(j,k):cBC(j,k)*y(j,k));
 @for(factory(i):@sum(warehouse(j):x(i,j))=a(i));
 @for(client(i):@sum(warehouse(j):y(j,i))=c(i));
 @for(warehouse(j):@sum(factory(i):x(i,j))=@sum(client(k):y(j,k)));
 data:
    a=9,8;
    c=3,5,4,5;
 cAB = 1 2 100
       3 1 2;
 cBC = 5 7 100 100
       9 6 7 100
       100 6 7 4;
 enddata
end
```

运行上面的程序,计算结果如下:

```
Global optimal solution found.
Objective value:                        121.0000
Infeasibilities:                        0.000000
Total solver iterations:                       9
            Variable          Value       Reduced Cost
            X( 1, 1)       8.000000         0.000000
            X( 1, 2)       1.000000         0.000000
            X( 2, 2)       3.000000         0.000000
            X( 2, 3)       5.000000         0.000000
            Y( 1, 1)       3.000000         0.000000
            Y( 1, 2)       5.000000         0.000000
            Y( 2, 3)       4.000000         0.000000
            Y( 3, 4)       5.000000         0.000000
```

例2 设有如图 8-1 所示的运输问题,试求其费用最少的运输生产方案以及运输费用。

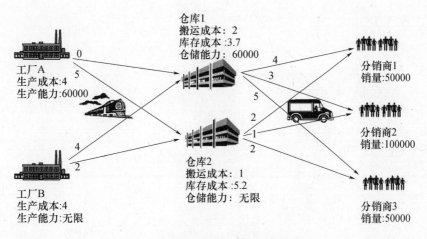

图 8-1 生产运输和存储销售网络图

模型建立 设 $pc_i(i=1,2)$ 分别表示 2 个工厂的生产成本;$sca_j,sco_j,tch_j(j=1,2)$ 分别表示 2 个仓库的存储能力,库存成本和搬运成本;$sa_k(k=1,2,3)$ 分别表示 3 个分销商的销售量;$fw_{ij},x_{ij}(i=1,2,j=1,2)$ 分别表示 2 个工厂向 2 个仓库的单位运费和运送量;$wd_{jk},y_{jk}(j=1,2,k=1,2,3)$ 分别表示两个仓库向 3 个分销点的单位运费和运送量。该问题的数学模型如下:

$$\min z = \sum_{i=1}^{2}\left(pc_i \times \left(\sum_{j=1}^{2} x_{ij}\right)\right) +$$

$$\sum_{j=1}^{2}\left(\left(tch_j + sco_j\right) \times \sum_{i=1}^{2} x_{ij}\right) +$$

$$\sum_{i=1}^{2}\sum_{j=1}^{2} fw_{ij} \times x_{ij} + \sum_{j=1}^{2}\sum_{k=1}^{3} wd_{jk} \times y_{jk}$$

s.t. $x_{11} + x_{12} \leqslant 60000$;

$x_{11} + x_{21} \leqslant 60000$;

$\sum_{i=1}^{2} x_{ij} = \sum_{k=1}^{3} y_{jk}, j=1,2$

$\sum_{j=1}^{2} y_{jk} = sa_k, k=1,2,3$

$x_{ij}, y_{jk} \geqslant 0, i,j=1,2,k=1,2,3$

模型求解 上述模型的 LINGO 求解程序如下:

```
model:
sets:
  factory/1..2/:production_cost;
  warehouse/1..2/:store_capabiliey,store_cost,transportation_charge;
  distributor/1..3/:sales;
```

```
        link1(factory,warehouse):fwcost,x;
        link2(warehouse,distributor):wdcost,y;
endsets
data:
        production_cost = 4,4;
        transportation_charge = 2,1;
        store_cost = 3.7 5.2;
        sales = 50000 100000 50000;
        fwcost = 0 5
                 4 2;
        wdcost = 4 3 5
                 2 1 2;
enddata
min = @sum(factory(i):production_cost(i)*@sum(warehouse(j):
x(i,j))) + @sum(warehouse(j):(transportation_charge(j) + store_
cost(j))*@sum(factory(i):x(i,j))) + @sum(link1(i,j):fwcost(i,
j)*x(i,j)) + @sum(link2(j,k):wdcost(j,k)*y(j,k));
    x(1,1) + x(1,2) < 60000;
    x(1,1) + x(2,1) < 60000;
@for(distributor(k):@sum(warehouse(j):y(j,k)) = sales(k));
@for(warehouse(j):@sum(factory(i):x(i,j)) = @sum(distributo
r(k):y(j,k)));
end
```

运行上面的程序,得非零最优解及最优值如下:

```
Global optimal solution found.
Objective value:                            2710000.
Infeasibilities:                            0.000000
Total solver iterations:                           0
            Variable        Value        Reduced Cost
            X( 1, 1)     60000.00           0.000000
            X( 2, 2)    140000.0            0.000000
            Y( 1, 2)     60000.00           0.000000
            Y( 2, 1)     50000.00           0.000000
            Y( 2, 2)     40000.00           0.000000
            Y( 2, 3)     50000.00           0.000000
```

例3 瑞恩电子是一家电子公司,其生产线分别位于丹佛和亚特兰大。在任意生产线出产的部件可能被运送到公司在堪萨斯城或路易斯维尔的地区仓库中的任意一个。从这些地区仓库,公司向底特律、迈阿密、达拉斯和新奥尔良的零售商发货。图8-2 给出生产线的生产量、零售的需求量以及每一条发货路线上每一个部件的运输成本。试求运输成本最小的运输方案及其总运费。

模型建立 设 x_{ij}, $fwcos\ t_{ij}(i,j=1,2)$ 分别表示丹佛、亚特兰大向堪萨斯城、路易斯维尔的运输量、单位运输成本; y_{jk}, $wdcos\ t_{jk}(j=1,2,k=1,2,3,4)$ 分别表示堪萨斯城、路易斯维尔向底特律、迈阿密、达拉斯和新奥尔良的运输量、单位运输成本; z 表示亚特兰大向新

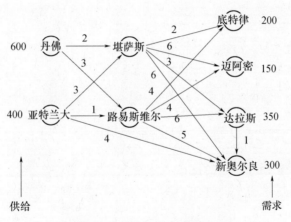

图 8-2 瑞恩电子公司运输网络图

奥尔良的运送量;w 表示达拉斯向新奥尔良的运送量;$capacit\ y_i(i=1,2)$ 表示丹佛和亚特兰大的生产能力;$sale\ s_k(k=1,2,3,4)$ 表示 4 个零售点底特律、迈阿密、达拉斯和新奥尔良的需求量。则该运输问题的数学模型如下:

$$\min\ z = \sum_{i=1}^{2}\sum_{j=1}^{2} fwcos\ t_{ij} \times x_{ij} + \sum_{j=1}^{2}\sum_{k=1}^{4} wdcos\ t_{jk} \times y_{jk} + 4z + w$$

s.t. $x_{11} + x_{12} = 600$

$x_{21} + x_{22} + z = 400$

$$\sum_{i=1}^{2} x_{ij} = \sum_{k=1}^{4} x_{jk}, j=1,2$$

$$\sum_{j=1}^{2} y_{jk} = sale\ s_k, k=1,2$$

$$\sum_{j=1}^{2} y_{j3} - w = sale\ s_3$$

$$\sum_{j=1}^{2} y_{j4} + z + w = sale\ s_4$$

$z, w, x_{ij}, y_{jk} \geq 0, i,j=1,2, k=1,2,3,4$

模型求解 在 LINGO 软件中输入如下的程序代码:

```
model:
sets:
    factory/1,2/:capacity;
    warehouse/1,2/;
    distributor/1..4/:sales;
    link1(factory,warehouse):fwcost,x;
    link2(warehouse,distributor):wdcost,y;
endsets
data:
    capacity = 600 400;
```

```
        fwcost = 2 3
                3 1;
        wdcost = 2 6 3 6
                 4 4 6 5;
        sales = 200 150 350 300;
enddata
min = @sum(link1:fwcost*x) + @sum(link2:wdcost*y) + 4*z + w;
    x(1,1) + x(1,2) = capacity(1);
    x(2,1) + x(2,2) + z = capacity(2);
    @for(warehouse(j):@sum(factory(i):x(i,j)) = @sum(distributor(k):y(j,k)));
    @for(distributor(k)|k#lt#3:@sum(warehouse(j):y(j,k)) = sales(k));
    @sum(warehouse(j):y(j,3)) - w = sales(3);
    @sum(warehouse(j):y(j,4)) + w + z = sales(4);
end
```

运行上面程序,得非零最优解及最小值如下:

```
Global optimal solution found.
Objective value:                          4600.000
Infeasibilities:                          0.000000
Total solver iterations:                         4

            Variable           Value        Reduced Cost
              X( 1, 1)       550.0000           0.000000
              X( 1, 2)        50.00000          0.000000
              X( 2, 2)       100.0000           0.000000
              Y( 1, 1)       200.0000           0.000000
              Y( 1, 3)       350.0000           0.000000
              Y( 2, 2)       150.0000           0.000000
                   Z         300.0000           0.000000
```

第九章　整数规划模型的 LINGO 求解

整数规划是近 30 年来发展起来的规划论的一个分支。整数规划问题就是要求决策变量取整数值的线性或非线性规划问题。

9.1　整数规划问题

例1　汽车厂生产 3 种类型的汽车，已知各类型每辆车对钢材、劳动时间的需求，利润及工厂每月的现有量，见表 9-1。请为该厂制定一个月生产计划，使工厂的利润最大。

表 9-1　汽车厂生产信息数据表

	小型	中型	大型	现有量
钢材/t	1.5	3	5	600
劳动时间/h	280	250	400	60000
利润/万元	2	3	4	

模型建立　设 $x_i, st_i, t_i, p_i (i=1,2,3)$ 分别为大、中、小型汽车每月生产的数量、每辆车钢材的需求量、每辆车所需的劳动时间以及每辆车所获得的利润。则使工厂获利最大的数学模型为

$$\max \ z = \sum_{i=1}^{4} p_i x_i$$
$$\text{s.t.} \ \sum_{i=1}^{4} st_i x_i \leq 600$$
$$\sum_{i=1}^{4} t_i x_i \leq 60000$$
$$x_i \text{ 为非负整数}, i=1,2,3$$

模型求解　在 LINGO 中输入如下程序：
```
model:
sets:
    cartype/1..3/:p,st,t,x;
  endsets
  data:
    st=1.5 3 5;
```

```
    t =280 250 400;
    p =2 3 4;
enddata
max =@ sum(cartype(i):p(i)*x(i));
@ sum(cartype(i):st(i)*x(i))<600;
@ sum(cartype(i):t(i)*x(i))<60000;
@ for(cartype(i):@ gin(x(i)));
end
```

运行上面程序,非零变量值及最优值如下:

```
Global optimal solution found.
Objective value:                          632.0000
Objective bound:                          632.0000
Infeasibilities:                          0.000000
Extended solver steps:                           0
Total solver iterations:                         3
         Variable      Value       Reduced Cost
            X( 1)      64.00000    -2.000000
            X( 2)      168.0000    -3.000000
```

例2 某服装厂可生产3种服装:西服、衬衫和大衣。生产不同种类的服装要使用不同的设备,该服装厂可从专业租赁公司租用这些设备。设备租金和其他经济参数如表9-2所示。

表9-2 服装生产费用表

服装种类	设备租金 /(元/月)	生产成本 /(元/件)	销售价格 /(元/件)	人工工时 /(h/件)	设备共识 /(h/件)	设备可用工时 /(h/月)
西服	5000	280	400	5	3	300
衬衫	2000	30	40	1	0.5	300
大衣	3000	200	300	4	2	300

假定市场需求不成问题,服装厂每月可用人工工时为2000h,该厂如何安排生产可使每月的利润最大?

模型建立 设 $x_i, rent_i, cost_i, price_i, workhour_i, equiphour_i$ 分别为西服、衬衫、大衣的生产件数、设备租金、生产成本、销售价格、人工工时、设备共识;设 $y_i = \begin{cases} 0, & \text{第} i \text{种服装不租用设备} \\ 1, & \text{第} i \text{种服装租用设备} \end{cases}$ ($i=1,2,3$ 分别对应西服、衬衫、大衣)。该问题的数学模型如下:

$$\max \quad z = \sum_{i=1}^{3}(price_i - cost_i)x_i - \sum_{i=1}^{3} rent_i\, y_i$$

$$\text{s. t.} \quad \sum_{i=1}^{3} workhour_i\, x_i \leq 2000$$

$$equiphou\ r_i\ x_i \leq 300\ y_i, i = 1,2,3$$
$$equiphou\ r_i\ x_i \leq 300, i = 1,2,3$$
$$x_i \geq 0\ 且为整数, i = 1,2,3$$
$$y_i = 0\ 或\ 1, i = 1,2,3$$

模型求解 LINGO 程序如下：

```
model:
sets:
    type/1..3/:x,rent,cost,price,workhour,equiphour,y;
endsets
data:
    rent = 5000 2000 3000;
    cost = 280 30 200;
    price = 400 40 300;
    workhour = 5 1 4;
    equiphour = 3 0.5 2;
enddata
max = @sum(type:(price - cost) * x) - @sum(type:rent * y);
@sum(type:workhour * x) < 2000;
@for(type:equiphour * x < 300 * y);
@for(type:equiphour * x < 300);
@for(type:@gin(x));
@for(type:@bin(y));
end
```

程序的计算结果如下：

```
Global optimal solution found.
Objective value:                    23000.00
Objective bound:                    23000.00
Infeasibilities:                    0.000000
Extended solver steps:                     0
Total solver iterations:                   0

        Variable         Value        Reduced Cost
            X( 1)      100.0000         -120.0000
            X( 2)      600.0000         -10.00000
            X( 3)      150.0000         -100.0000
            Y( 1)      1.000000          5000.000
            Y( 2)      1.000000          2000.000
            Y( 3)      1.000000          3000.000
```

例3 某城区规划在新建的 6 个居民区中的 3 个分别建立一个健身中心。表 9 - 3 给出了各小区间与 6 个可供选择的健身中心地址的平均距离（m）及各小区的居民人数。另外希望 3 个健身中心能接纳的人数基本上持平。试问 3 个健身中心应建在何处，能使得小区居民到健身中心的总距离最短？

表9-3　6个小区到可供选择的健身地址的平均距离和居民人数

小区	在该小区建立健身中心						小区居民数
	1	2	3	4	5	6	
1	50	200	150	250	100	70	2000
2	200	40	200	150	250	90	1800
3	150	200	60	250	150	120	3000
4	250	150	250	40	120	80	1600
5	100	250	150	120	50	130	3500
6	70	90	120	80	130	30	2800

模型建立　很容易计算出6个小区的总人数为11900人,3个健身中心所接纳的平均人数不会超过5000人。设 n_i 为第 i 个小区的居民数,d_{ij} 为第 i 个小区的居民去第 j 个小区健身的平均距离,x_{ij} 为第 i 个小区的居民去第 j 个小区健身的人数,

$$y_j = \begin{cases} 1, & \text{第 } j \text{ 个小区建立健身中心} \\ 0, & \text{否则不建健身中心} \end{cases}$$

建立如下数学规划模型:

$$\min \ z = \sum_{i=1}^{6} \sum_{j=1}^{6} d_{ij} x_{ij}$$

$$\text{s.t.} \ \sum_{j=1}^{6} y_j = 3$$

$$\sum_{j=1}^{6} x_{ij} = n_i, i = 1, 2, \cdots, 6$$

$$\sum_{i=1}^{6} x_{ij} \leq 5000 y_j, j = 1, 2, \cdots, 6$$

$$x_{ij} \geq 0 \text{ 且取整数}, i, j = 1, 2, \cdots, 6$$

$$y_j = 0 \ \text{或} \ 1, j = 1, 2, \cdots, 6$$

模型求解　按上述数学表达式写出 LINGO 程序。

```
model:
sets:
    block/1..6/:n,y;
    link(block,block):d,x;
endsets
data:
    n=2000,1800,3000,1600,3500,2800;
    d= 50  200  150  250  100  70
       200  40   200  150  250  90
       150  200  60   250  150  120
       250  150  250  40   120  80
       100  250  150  120  50   130
       70   90   120  80   130  30;
```

```
enddata
min = @sum(link:d*x);
@sum(block:y) = 3;
@for(block(i):@sum(block(j):x(i,j)) = n(i));
@for(block(j):@sum(block(i):x(i,j)) < =5000*y(j));
@for(link:@gin(x));
@for(block:@bin(y));
end
```

运行程序,得非零决策变量及最优值如下:

```
Global optimal solution found.
Objective value:                    1062000.
Objective bound:                    1062000.
Infeasibilities:                    0.000000
Extended solver steps:                     0
Total solver iterations:                 339

        Variable        Value       Reduced Cost
        X( 1, 3)      500.0000        150.0000
        X( 1, 5)      1500.000        100.0000
        X( 2, 6)      1800.000        90.00000
        X( 3, 3)      3000.000        60.00000
        X( 4, 6)      1600.000        80.00000
        X( 5, 5)      3500.000        50.00000
        X( 6, 3)      1200.000        120.0000
        X( 6, 6)      1600.000        30.00000
        Y( 3)         1.000000        0.000000
        Y( 5)         1.000000        0.000000
        Y( 6)         1.000000        0.000000
```

例4 某厂要制订一个产品宣传计划,可利用的广告渠道有3种:电视、广播、杂志。市场调研结果如表9-4所示。该厂用于广告费用不超过16万元。此外还要求:(1)受到广告影响的妇女至少要有200千人;(2)电视广告费用不超过10万元;(3)白昼电视至少要订3个广告,热门时间至少2个广告;(4)广播和杂志上的广告数都应在5～10之间。该厂如何制订一个广告计划才能使受到影响的总人数最多?

表9-4 市场调研结果

	电视		广播	杂志
	白昼时间	热门时间		
每个广告的费用/千元	8	15	6	3
每个广告影响总人数/千人	40	90	50	2
每个广告影响妇女数/行人	30	40	20	1

模型建立 设 $x_i, cost_i, number_i, wnumber_i (i=1,2,3,4)$ 分别为白昼时间、执门时间、广播和杂志的广告个数、费用、影响总人数、影响妇女数。则该问题的数学模型为

$$\max \quad z = \sum_{i=1}^{4} number_i\, x_i$$

$$\text{s.t.} \quad \sum_{i=1}^{4} cost_i\, x_i \leqslant 160$$

$$\sum_{i=1}^{4} number_i\, x_i \geqslant 200$$

$$8x_1 + 15x_2 \leqslant 100$$

$$x_1 \geqslant 3$$

$$x_2 \geqslant 2$$

$$5 \leqslant x_3 \leqslant 10$$

$$5 \leqslant x_4 \leqslant 10$$

$$x_i \text{ 为非负整数}, i = 1,2,3,4$$

模型求解 这个数学模型的 LINGO 程序如下：

```
model:
sets:
    ad/1..4/:x,cost,number,wnumber;
endsets
data:
    cost = 8 15 6 3;
    number = 40 90 50 2;
    wnumber = 30 40 20 1;
enddata
max = @sum(ad:number*x);
@sum(ad:cost*x)<160;
@sum(ad:wnumber*x)>200;
  8*x(1)+15*x(2)<100;
  x(1)>3;
  x(2)>2;
@bnd(5,x(3),10);
@bnd(5,x(4),10);
@for(ad:@gin(x));
end
```

运行上面的程序,得最优值及非零决策变量的结果如下:

```
Global optimal solution found.
  Objective value:                    990.0000
  Objective bound:                    990.0000
  Infeasibilities:                    0.000000
  Extended solver steps:                     0
```

```
Total solver iterations:                          4
           Variable        Value         Reduced Cost
           X( 1)         3.000000         -40.00000
           X( 2)         4.000000         -90.00000
           X( 3)         10.00000         -50.00000
           X( 4)         5.000000         -2.000000
```

例5 要把7种规格的包装箱$C_1 \sim C_7$装到2辆铁路平板车上去,包装箱的宽和高都是相同的,但厚度(t,米)及重量(w,吨)是不同的。表9-5给出了包装箱$C_1 \sim C_7$的厚度、重量及数量。每辆平板车有10.2m长的地方可以用来装箱(像面包片那样),载重40t。由于当地货运的限制,对于C_5,C_6,C_7 3类包装箱的总数有特定的约束,他们所占的有空间(厚度)不得超过3.027m。试建立数学模型将这些包装箱装到平板车上去,并使浪费的空间最小。

表9-5 7种包装箱的厚度、重量及数目数据表

箱名 数量	C_1	C_2	C_3	C_4	C_5	C_7	C_8
t/m	0.487	0.52	0.613	0.72	0.487	0.52	0.64
w/t	2	3	1	5	4	2	1
数目	8	7	9	6	6	4	8

模型建立 设$t_j,w_j,n_j(j=1,2,\cdots,7)$分别表示7种规格包装箱的厚度、重量和数目;$x_{1j},x_{2j}(j=1,2,\cdots,7)$分别表示将7种规格的包装箱装载在第一辆与第二辆平板车上的数量。经计算可得包装箱的总重为89t,总厚度为27.5m。超过了两辆车的限量:80t 和20.4m。于是这个问题的数学模型为

$$\max \quad z = \sum_{i=1}^{2}\sum_{j=1}^{7} t_j x_{ij}$$

$$\text{s.t.} \quad \sum_{j=1}^{7} w_j x_{ij} \leq 40, i=1,2$$

$$\sum_{j=1}^{7} t_j x_{ij} \leq 10.2, i=1,2$$

$$\sum_{i=1}^{2} x_{ij} \leq n_j, j=1,2,\cdots,7$$

$$0.487 x_{15} + 0.52 x_{16} + 0.64 x_{17} \leq 3.027$$

$$0.487 x_{25} + 0.52 x_{26} + 0.64 x_{27} \leq 3.027$$

$$x_{ij} \text{为非负整数}, i=1,2, j=1,2,\cdots,7$$

模型求解 LINGO软件的程序代码如下:

```
model:
sets:
   car/1,2/;
   box/1..7/:amount,t,w;
```

```
    link(car,box):x;
endsets
data:
    t = 0.487 0.52 0.613 0.72 0.487 0.52 0.64;
    w = 2 3 1 5 4 2 1;
    amount = 8 7 9 6 6 4 8;
enddata
max = @sum(link(i,j):t(j)*x(i,j));
@for(box(j):@sum(car(i):x(i,j))<amount(j));
@for(car(i):@sum(box(j):w(j)*x(i,j))<40);
@for(car(i):@sum(box(j):t(j)*x(i,j))<10.2);
  0.487*x(1,5)+0.52*x(1,6)+0.64*x(1,7)<3.027;
  0.487*x(2,5)+0.52*x(2,6)+0.64*x(2,7)<3.027;
@for(link:@gin(x));
end
```

运行程序,得最优解及最优值如下:

```
Objective bound:                    20.39400
Infeasibilities:                     0.000000
Extended solver steps:              102091
Total solver iterations:            537447
```

Variable	Value	Reduced Cost
X(1, 1)	1.000000	-0.4870000
X(1, 2)	6.000000	-0.5200000
X(1, 3)	5.000000	-0.6130000
X(1, 4)	1.000000	-0.7200000
X(1, 5)	1.000000	-0.4870000
X(1, 6)	2.000000	-0.5200000
X(1, 7)	2.000000	-0.6400000
X(2, 1)	7.000000	-0.4870000
X(2, 2)	0.000000	-0.5200000
X(2, 3)	4.000000	-0.6130000
X(2, 4)	2.000000	-0.7200000
X(2, 5)	2.000000	-0.4870000
X(2, 6)	0.000000	-0.5200000
X(2, 7)	3.000000	-0.6400000

9.2 0-1 规划问题

0-1规划就是决策变量只能取 0 或 1 的数学规划。例如指派问题就是一类典型的 0-1 规划问题。所谓指派问题就是被指派者在完成各项任务时效率不同的情形下,要求在任务分配的同时考虑总效率最高,即需要确定出哪一个人被指派哪一项任务。指派问题在 0-1 规划中占有很重要的地位。对于有 n 个工人和 n 项工作的指派问题(要求每人仅有一项工作,同时每项工作仅有一个人来完成),设第 i 个人做第 j 项工作的效率是 e_{ij};$x_{ij}=1$ 或 0 分别表示第 i 人做或不做第 j 项工作,则其数学模型为

$$\min \quad z = \sum_{i=1}^{n}\sum_{j=1}^{n} e_{ij} x_{ij}$$

$$\text{s.t.} \quad \sum_{j=1}^{n} x_{ij} = 1, i = 1,2,\cdots,n$$

$$\sum_{i=1}^{n} x_{ij} = 1, j = 1,2,\cdots,n$$

$$x_{ij} = 0 \quad \text{或} \quad 1, i,j = 1,2,\cdots,n$$

例 1 (指派问题)有一份中文说明书,需译成英、日、德、俄 4 种文字。现有甲、乙、丙、丁 4 人。他们将中文说明书翻译成不同语种的说明书所需时间如表 9-6 所示。问应派何人去完成何工作,使所需总时间最少?

表 9-6 4 人完成 4 种翻译所需时间表

任务 人员	英	日	俄	德
甲	2	15	13	4
乙	10	4	14	15
丙	9	14	16	13
丁	7	8	11	9

模型建立 设 $i=1,2,3,4$ 分别代表甲、乙、丙、丁 4 人;$j=1,2,3,4$ 分别代表英、日、俄、德 4 项任务;t_{ij} 分别代表 4 人独立完成 4 项翻译所需的时间。并令

$$x_{ij} = \begin{cases} 1, & \text{指派第 } i \text{ 人去翻译第 } j \text{ 项翻译任务} \\ 0, & \text{不指派第 } i \text{ 人去翻译第 } j \text{ 项翻译任务} \end{cases}$$

这个问题的数学模型如下:

$$\min \quad z = \sum_{i=1}^{4}\sum_{i=1}^{4} t_{ij} x_{ij}$$

$$\text{s.t.} \quad \sum_{j=1}^{4} x_{ij} = 1, i = 1,2,3,4$$

$$\sum_{i=1}^{4} x_{ij} = 1, j = 1,2,3,4$$

$$x_{ij} = 0 \quad \text{或} \quad 1, i,j = 1,2,3,4$$

模型求解 在 LINGO 中输入如下程序:

```
model:
 sets:
  worker/1..4/;
  language/1..4/;
```

```
   link(worker,language):x,t;
  endsets
  min = @sum(link:t*x);
  @for(worker(i):@sum(language(j):x(i,j)) =1);
  @for(language(j):@sum(worker(i):x(i,j)) =1);
  @for(link:@bin(x));
  data:
    t = 2 15 13  4
       10  4 14 15
        9 14 16 13
        7  8 11  9;
  enddata
end
```

运行上面的程序,非零变量的值及最优值如下:

```
Global optimal solution found.
Objective value:                              28.00000
Objective bound:                              28.00000
Infeasibilities:                              0.000000
Extended solver steps:                               0
Total solver iterations:                             0

             Variable      Value       Reduced Cost
              X( 1, 4)    1.000000      4.000000
              X( 2, 2)    1.000000      4.000000
              X( 3, 1)    1.000000      9.000000
              X( 4, 3)    1.000000      11.00000
```

例2 已知3个人做6项工作,规定每人做2项工作,每项工作只能一个人做。第i人做第j项工作完成的时间(h)如表9-7所示。求完成全部工作所用最少的总时间。

表9-7 3人分别完成6项工作所用的时间

人员\工作	A	B	C	D	E	F
甲	5	8	9	6	12	7
乙	9	4	6	8	7	5
丙	14	2	10	20	16	19

模型建立 设$t_{ij}(i=1,2,3,j=1,2,\cdots,6)$分别表示甲、乙、丙完成工$A,B,\cdots,F$所用的时间。设

$$x_{ij} = \begin{cases} 0, & \text{第}i\text{个人没有做第}j\text{项工作} \\ 1, & \text{第}i\text{个人做第}j\text{项工作} \end{cases}$$

此问题可建如下的数学模型:

$$\min z = \sum_{i=1}^{3}\sum_{j=1}^{6} t_{ij} x_{ij}$$

$$\text{s.t.} \quad \sum_{j=1}^{6} x_{ij} = 2, i = 1,2,3$$

$$\sum_{i=1}^{3} x_{ij} = 1, j = 1,2,\cdots,6$$

$$x_{ij} = 0 \quad \text{或} \quad 1, i = 1,2,3, j = 1,2,\cdots,6$$

模型求解 在 LINGO 中输入如下的程序:

```
model:
sets:
    worker/1..3/;
    work/1..6/;
    link(worker,work):t,x;
endsets
data:
    t=5 8 9 6 12 7
      9 4 6 8  7 5
      14 12 10 20 16 19;
enddata
min=@sum(link:t*x);
@for(worker(i):@sum(work(j):x(i,j))=2);
@for(work(j):@sum(worker(i):x(i,j))=1);
@for(link:@bin(x));
end
```

运行上面的程序,得非零最优解及最优值如下:

```
Global optimal solution found.
Objective value:                    45.00000
Objective bound:                    45.00000
Infeasibilities:                     0.000000
Extended solver steps:                      0
Total solver iterations:                    0
         Variable        Value       Reduced Cost
          X( 1, 1)       1.000000        5.000000
          X( 1, 4)       1.000000        6.000000
          X( 2, 5)       1.000000        7.000000
          X( 2, 6)       1.000000        5.000000
          X( 3, 2)       1.000000       12.000000
          X( 3, 3)       1.000000       10.00000
```

例3 某地区有 5 个可考虑的投资项目,其期望收益与所需投资额如表 9-8 所示。在这 5 个项目中,1,3,5 之间必须且仅需选择一项;同样 2,4 之间至少选择一项;3 和 4 两个项目是密切相关的,项目 3 的实施必须以项目 4 的实施为前提条件。该地区共筹集到资金 15 万元,究竟应该选择哪些项目,其期望纯收益才能最大?

表 9-8 工程项目的期望纯收和所需投资表

工程项目	期望纯收益/万元	所需投资/万元
1	10.0	6.0
2	8.0	4.0
3	7.0	2.0
4	6.0	4.0
5	9.0	5.0

模型建立 设 $profit_i, cost_i (i=1,2,\cdots,5)$ 分别为 5 项工程的期望纯收益与所需投资;设 $x_i=1(i=1,2,\cdots,5)$ 表示对工程项目 i 进行投资,否则 $x_i=0$。则期望纯收益最大的数学模型为:

$$\max \quad z = \sum_{i=1}^{5} profit_i \, x_i$$

$$\text{s.t.} \quad \sum_{i=1}^{5} cost_i \, x_i \leq 15$$

$$x_1 + x_3 + x_5 = 1$$

$$x_2 + x_4 \geq 1$$

$$x_3 - x_4 \leq 0$$

$$x_i = 0 \quad \text{或} \quad 1, i=1,2,\cdots,5$$

模型求解 相应的 LINGO 程序如下:

```
model:
sets:
    projects/1..5/:profit,cost,x;
endsets
data:
    profit=10.0,8.0,7.0,6.0,9.0;
    cost=6.0,4.0,2.0,4.0,5.0;
enddata
max=@sum(projects:profit*x);
@sum(projects:cost*x)<15;
    x(1)+x(3)+x(5)=1;
    x(2)+x(4)>1;
    x(3)-x(4)<0;
@for(projects:@bin(x));
end
```

运行程序,得非零决策值与最优值如下:

Global optimal solution found.
    Objective value: 24.00000
    Objective bound: 24.00000

	Infeasibilities:	0.000000
	Extended solver steps:	0
	Total solver iterations:	0

	Variable	Value	Reduced Cost
	X(1)	1.000000	−10.00000
	X(2)	1.000000	−8.000000
	X(4)	1.000000	−6.000000

例4 某公司考虑在北京、上海、广州、武汉 4 个城市中选择 1～2 个城市建设销售集散库房,负责向华北、华中、华南、东北 4 个区供货。每个库房每月可以处理货物 1500 件。有关的单位发货费用、建库成本和需求量如表 9-9 所示。若除了表 4-9 所说的普通规模的仓库,在每个城市都可以建设特大型库,处理货物的能力可以达到 3000 件,4 个城市的仓库运营费用为 6000、7000、100000、6000 元/月。在每个城市不能同时建普通和大型仓库。在满足需求的前提下,请设计一个成本(发货成本 + 仓库成本)最省的建库方案。

表 9-9 单位发货费用、建库成本和需求量数据

发货费用 地点	华北	华中	华南	东北	仓库成本/ (元/月)
北京	200	400	500	300	45000
上海	300	250	400	500	50000
广州	600	350	300	750	70000
武汉	350	150	350	650	40000
需求量	500	800	750	400	

模型建立 设 $i=1,2,3,4$ 分代表北京、上海、广州、武汉 4 个城市;$j=1,2,3,4$ 分别代表华北、华中、华南、东北 4 个地区;$cost_{ij}, x_{ij} (i=1,2,3,4, j=1,2,3,4)$ 分别代表 4 地区发货的单位费用与发货量;$charge1_i, charge2_i (i=1,2,3,4)$ 分别表示在 4 个城市大小仓库的成本;$d_j (j=1,2,3,4)$ 分别表示 4 个地区的货物需求量;设

$$y_i = \begin{cases} 1, & i \text{ 城市建设大仓库} \\ 0, & i \text{ 城市 } i \text{ 建设大仓库} \end{cases}, z_i = \begin{cases} 1, & i \text{ 城市建设小仓库} \\ 0, & i \text{ 城市 } i \text{ 建设小仓库} \end{cases}, i=1,2,3,4$$

根据以上所设,该问题的数学模型如下:

$$\min \quad z = \sum_{i=1}^{4} \sum_{j=1}^{4} cost_{ij} x_{ij}$$

$$\text{s.t.} \quad \sum_{i=1}^{4} x_{ij} \geq d_j, j=1,2,3,4$$

$$y_i + z_i \leq 1, i=1,2,3,4$$

$$\sum_{j=1}^{4} x_{ij} \leq 1500 y_i + 3000 z_i, i=1,2,3,4$$

$$\sum_{i=1}^{4} y_i < 2$$

$$y_i, z_i = 0 \text{ 或 } 1, i=1,2,3,4$$

模型求解 求解上面数学模型的 LINGO 程序代码如下：

```
model:
sets:
    city/1..4/:y,z,charge1,charge2;
    region/1..4/:d;
    link(city,region):cost,x;
endsets
data:
    cost = 200 400 500 300
           300 250 400 500
           600 350 300 750
           350 150 350 650;
    d = 500 800 750 400;
    charge1 = 45000 50000 70000 40000;
    charge2 = 60000 70000 100000 60000;
enddata
min = @sum(link:cost*x) + @sum(city:charge1*y) + @sum(city:charge2*z);
@for(region(j):@sum(city(i):x(i,j)) > d(j));
@for(city(i):@sum(region(j):x(i,j)) < (1500*y(i) + 3000*z(i)));
@sum(city:y) < 2;
@for(city(i):y(i) + z(i) < 1);
@for(city(i):@bin(y(i));@bin(z(i)));
end
```

运行上面的程序，得最优解及非零决策变量的值如下：

```
Global optimal solution found.
Objective value:                           695000.0
Objective bound:                           695000.0
Infeasibilities:                           0.000000
Extended solver steps:                            0
Total solver iterations:                         77
```

Variable	Value	Reduced Cost
X(1, 1)	500.0000	0.000000
X(1, 3)	50.00000	0.000000
X(1, 4)	400.0000	0.000000
X(4, 2)	800.0000	0.000000
X(4, 3)	700.0000	0.000000
Y(1)	1.000000	45000.00
Y(4)	1.000000	-185000.0

第十章 非线性规划模型的 LINGO 求解

这篇的前几章主要讨论了约束条件为线性不等式或线性方程且目标函数也是线性函数的最优化问题的 LINGO 软件求解。但是许多实际问题的限制未必是线性的,其目标函数也不一定是线性的。本章将列举一些应用 LINGO 软件求解非线性规划的案例。

例 1 某厂向用户提供发动机,合同规定,第一、二、三季度末分别交货 40 台、60 台、80 台。每季度的生产费用为 $50x + 0.2x^2$ 元,其中 x 是该季生产的台数。若交货后有剩余,可用于下季度交货,但需支付存储费,每台每季度 4 元。已知工厂每季度最大生产能力为 100 台,第一季度开始时无存货。问工厂应如何安排生产计划,才能既满足合同又使总费用最低。

模型建立 设每季度生产的发动机数为 $x_i(i=1,2,3)$,则该问题的数学模型为

$$\min \ z = \sum_{i=1}^{3}(50x_i + 0.2x_i^2) + 4(x_1 - 40) + 4(x_1 + x_2 - 100)$$

$$\text{s.t.} \quad 40 \leq x_1 \leq 100$$

$$100 \leq x_1 + x_2$$

$$x_2 \leq 100$$

$$\sum_{i=1}^{3} x_i = 180$$

$$x_3 \leq 100$$

$$x_i \geq 0 (i=1,2,3) \text{ 且为整数}$$

模型求解 在 LINGO 中输入如下程序:

```
model:
 sets:
  quarter/1..3/:x;
 endsets
 min=@sum(quarter:50*x+0.2*x^2)+4*(2*x(1)+x(2)-140);
 @bnd(40,x(1),100);
 x(1)+x(2)>100;
 x(2)<100;
 @sum(quarter(i):x(i))=180;
 x(3)<100;
 @for(quarter(i):@gin(x(i)));
end
```

运行上面的程序,变量的结果如下:

```
Local optimal solution found.
Objective value:                            11280.00
Objective bound:                            11280.00
Infeasibilities:                            0.000000
Extended solver steps:                             0
Total solver iterations:                          31
                          Variable        Value
                          X( 1)           50.00000
                          X( 2)           60.00000
                          X( 3)           70.00000
```

例2 已知有 4 个农产品原产地,3 个备选农产品物流园区和 6 个农贸市场。农产品原产地与备选园区和备选园区与农贸市场之间的距离与单位费用如表 10-1 与表 10-2 所示。试建立农产品物流园区选址模型并求出最小的物流成本。

表 10-1 原产地到备选园区的距离及单位运费

备选园区 原产地	1		2		3		原产地 供应量/t
	距离 /km	单位运费 /元	距离 /km	单位运费 /元	距离 /km	单位运费 /元	
1	50.6	2.3	56.1	2.1	45.7	1.9	387.2
2	58.7	2.0	31.9	2.3	70.2	1.9	496.1
3	68.9	2.1	70.1	1.9	56.9	1.8	458.7
4	67.4	1.9	49.5	2.2	60.3	2.1	360.5
单位库存费用 /(元/t)	2.6		3.3		2.9		
园区建造固定 成本/元	98000		110200		111000		

表 10-2 备选园区到农贸市场的距离及单位费用

备选园区	农贸市场	1	2	3	4	5	6
1	距离/km	6.29	9.84	14.31	7.73	18.2	15.05
	单位运费/元	3.5	2.9	3.1	3.2	3.5	3.0
2	距离/km	10.28	4.17	7.92	11.82	9.13	14.78
	单位运费/元	2.9	3.4	3.2	2.9	3.1	3.5
3	距离/km	11.1	9.9	17.5	8.2	10.4	13.5
	单位运费/元	3.2	2.9	3.4	3.0	3.5	2.9
	需求量/t	254.7	442.3	135.5	192	297.6	326.9

模型建立 设 x_{ij}, $owcos\ t_{ij}$, $ow\ d_{ij}$ ($i=1,2,3,4$, $j=1,2,3$) 分别表示第 i 个原产地到第 j 个备选园区的运送量,单位运费和距离;$outpu\ t_i$ ($i=1,2,3,4$) 表示第 i 个原产地的供应

量;$custody\_fee_j$,$construction\_cost_j(j=1,2,3)$分别表示第 j 个备选园区的单位库存费用和园区建造固定成本;w_j 表示第 j 个园区的库存量;$z_j = \begin{cases} 1, & \text{第 } j \text{ 个园区被选中} \\ 0, & \text{第 } j \text{ 个园区未被选中} \end{cases}$;$wmcost_{jk}$,$wmd_{jk}$,$y_{jk}(j=1,2,3,k=1,2,\cdots,6)$ 分别表示第 j 园区到第 k 个农贸市场的单位运费、距离和运送量;$demand_k(k=1,2,\cdots,6)$ 表示第 k 个农贸市场的需求。该问题的数学模型如下:

$$\min \quad z = \sum_{i=1}^{4}\sum_{j=1}^{3} owcost_{ij} \times owd_{ij} \times x_{ij} \times z_j +$$

$$\sum_{j=1}^{3}\sum_{k=1}^{6} wmcost_{jk} \times wmd_{jk} \times y_{jk} \times z_j +$$

$$\sum_{j=1}^{3} z_j \times construction\_cost_j + \sum_{j=1}^{3} z_j \times custody\_fee_j \times w_j$$

$$\text{s.t.} \quad \sum_{j=1}^{3} x_{ij} z_j \leq output_i, i=1,2,3,4$$

$$\sum_{i=1}^{4} x_{ij} z_j \geq \sum_{k=1}^{6} y_{jk}, j=1,2,3$$

$$\sum_{j=1}^{3} z_j \geq 1$$

$$\sum_{j=1}^{3} y_{jk} = demand_k, k=1,2,\cdots,6$$

$$w_j = \sum_{i=1}^{4} x_{ij} z_j - \sum_{k=1}^{6} y_{jk}, j=1,2,3$$

$$z_j = 0 \text{ 或 } 1, j=1,2,3$$

模型求解 将该问题的描述写成 LINGO 语言如下:

```
model:
sets:
    origion/1..4/:output;
    warehouse/1..3/:custody_fee,construction_cost,z,w;
    market/1..6/:demand;
    link1(origion,warehouse):owcost,owd,x;
    link2(warehouse,market):wmcost,wmd,y;
endsets
data:
    output=387.2 496.1 458.7 360.5;
    custody_fee=2.6 3.3 2.9;
    construction_cost=98000 110200 111000;
    demand=254.7 442.3 135.5 192 297.6 326.9;
    owcost=2.3 2.1 1.9
```

```
            2.0 2.3 1.9
            2.1 1.9 1.8
            1.9 2.2 2.1;
    owd = 50.6 56.1 45.7
          58.7 31.9 70.2
          68.9 70.1 56.9
          47.4 49.5 60.3;
    wmcost = 3.5 2.9 3.1 3.2 3.5 3.0
             2.9 3.4 3.2 2.9 3.1 3.5
             3.2 2.9 3.4 3.0 3.5 2.9;
    wmd = 6.29 9.84 14.31 7.73 18.2 15.05
          10.28 4.17 7.92 11.82 9.13 14.78
          11.1  9.9  17.5  8.2  10.4 13.5;
enddata
min = @ sum(link1(i,j):x(i,j)*owcost(i,j)*owd(i,j)*z(j)) + @ sum(link2(j,k):
z(j)*y(j,k)*wmcost(j,k)*wmd(j,k))
+ @ sum(warehouse:z*construction_cost) + @ sum(warehouse:z*custody_fee*w);
    @ for(origion(i):@ sum(warehouse(j):x(i,j)*z(j)) < output(i));
    @ for(warehouse(j):@ sum(origion(i):x(i,j)*z(j)) > @ sum(market(k):y(j,
k)));
    @ for(market(k):@ sum(warehouse(j):y(j,k)) = demand(k));
    @ sum(warehouse(k):z(k)) > 1;
    @ for(warehouse(j):w(j) = @ sum(origion(i):x(i,j)*z(j)) - @ sum(market(k):y
(j,k)));
    @ for(warehouse:@ bin(z));
end
```

运行上面的程序,最小物流成本及非零决策变量的结果如下:

```
Local optimal solution found.
Objective value:                        278325.5
Objective bound:                        278325.5
Infeasibilities:                        0.6640248E-03
Extended solver steps:                  1
Total solver iterations:                90
                  Variable        Value
                  X( 1, 2)        78.03348
                  X( 1, 3)        0.7785954E+12
                  X( 2, 2)        2.945176
                  X( 2, 3)        0.8899957E+12
                  X( 3, 2)        2.525359
                  X( 3, 3)        0.9223701E+12
                  X( 4, 1)        360.5000
                  Z( 1)           1.000000
```

例3 已知一个量 y 依赖于另一个量 x。现收集有数据如表 10-3 所示。

表 10-3 x 与 y 的数据表

x	0.0	0.5	1.0	1.5	1.9	2.5	3.0	3.5	4.0	4.5
y	1.0	0.9	0.7	1.5	2.0	2.4	3.2	2.0	2.7	3.5
x	5.0	5.5	6.0	6.6	7.0	7.6	8.5	9.0	10	
y	1.0	4.0	3.6	2.7	5.7	4.6	4.0	6.8	7.3	

求拟合以上数据的直线 $y = ax + b$，目标为使 y 的各个观测值按直线关系所预期的值的平方和为最小。

模型建立 问题的本质是最小二乘法，相应无约束问题的数学模型为

$$\min z = \sum_{i=1}^{n}(ax_i + b - y_j)^2$$

模型求解 求解上述无约束优化问题的 LINGO 代码如下：

```
model:
sets:
    quantities/1..19/:x,y;
endsets
data:
    x=0.0,0.5,1.0,1.5,1.9,2.5,3.0,3.5,4.0,
4.5,5.0,5.5,6.0,6.6,7.0,7.6,8.5,9.0,10.0;
    y=1.0,0.9,0.7,1.5,2.0,2.4,3.2,2.0,2.7,
3.5,1.0,4.0,3.6,2.7,5.7,4.6,6.0,6.8,7.3;
enddata
min=@sum(quantities:(a*x+b-y)^2);
@free(a);@free(b);
end
```

运行上面的程序，得最优值与非零决策变量的值如下：

```
Local optimal solution found.
Objective value:                        14.44889
Infeasibilities:                        0.000000
Extended solver steps:                         5
Total solver iterations:                      16
            Variable         Value     Reduced Cost
                   A     0.6107717         0.000000
                   B     0.4261262         0.000000
```

第十一章 图与网络优化模型的 LINGO 求解

图与网络规划是最近几十年来迅速发展并得以广泛应用的运筹学分支。许多现实中的数学问题都可化为图论问题而得到解决。图与网络规划的模型类型有许多个,本章仅讨论其中的几个。

11.1 最短路问题

有 n 个城市,求从城市 1 到城市 n 的最短路程问题就是所谓的最短路问题。最短路问题还可用来解决管路铺设、线路安装、厂区布局和设备更新等实际问题。设决策变量为 x_{ij},当 $x_{ij}=1$ 时,说明城市 i 与城市 j 的连线位于城市 $1\sim n$ 的路上,否则 $x_{ij}=0$。最短路问题的数学模型为

$$\min \quad z = \sum_{(i,j)\in E} w_{ij} x_{ij}$$

$$\text{s.t.} \quad \sum_{j=1}^{n} x_{ij} - \sum_{j=1}^{n} x_{ji} = \begin{cases} 1, & i=1 \\ 0, & 1<i<n \\ -1, & i=n \end{cases}$$

$$x_{ij} = 0 \text{ 或 } 1, (i,j)\in E$$

式中:w_{ij} 为城市 i 与城市 j 之间的距离;E 为由城市之间连线构成的边集合。

例1 某物流企业从国外承运一台设备,由工厂 $A\sim G$ 港口有多条通路可供选择,通路中可停靠的地点及相应费用如图 11-1 所示。现要求确定一条从 $A\sim G$ 的使总运费最小的路线。

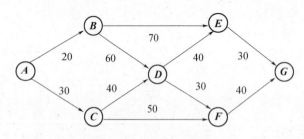

图 11-1 路线及费用图

模型建立 设 $w_{ij}(i,j=1,2,\cdots,7)$ 表示相邻 2 个停靠点之间的距离;$x_{ij}=0$ 或 $1(i,j=1,2,\cdots,7)$,当 $x_{ij}=1$ 时表示路线中经过停靠点 i 和停靠点 j,否则 $x_{ij}=0$。该问题的数学模型为

$$\min \quad z = \sum_{i=1}^{7} \sum_{j=1}^{7} w_{ij} x_{ij}$$

$$\text{s.t.} \quad \sum_{j=1}^{7} x_{ij} - \sum_{j=1}^{7} x_{ji} = \begin{cases} 1, & i = 1 \\ -1, & i = 7 \\ 0, & 1 < i < 7 \end{cases}$$

$$x_{ij} = 0 \text{ or } 1, i,j = 1,2,\cdots,7$$

模型求解 LINGO 程序如下：

```
model:
 sets:
   city/A,B,C,D,E,F,G/;
   link(city,city)/A,B A,C B,E B,D C,D C,F D,E D,F E,G F,G/:w,x;
 endsets
 data:
   w = 20 30 70 60 40 50 40 30 30 40;
 enddata
 min = @sum(link:w*x);
 @for(city(i) |i#ne#1 #and# i#ne#7: @sum(link(i,j):x(i,j)) = @sum(link(j,i):x(j,i)));
 @sum(link(i,j) |i#eq#1:x(i,j)) - @sum(link(j,i) |i#eq#1:x(j,i)) = 1;
 @sum(link(i,j) |i#eq#7:x(i,j)) - @sum(link(j,i) |i#eq#7:x(j,i)) = -1;
 @for(link:@bin(x));
end
```

运行上面的程序，得最短路径及非零决策变量如下：

```
Global optimal solution found.
Objective value:                     120.0000
Infeasibilities:                     0.000000
Total solver iterations:             0
         Variable        Value      Reduced Cost
         X( A, C)     1.000000        0.000000
         X( C, F)     1.000000        0.000000
         X( F, G)     1.000000        0.000000
```

例2 某单位使用一台设备，在每年年初，企业部门领导都要决定是购置新设备代替原来的旧设备，还是继续使用旧设备。若购置新设备，需要支付一定的购置费用；若继续使用旧设备，则需支付一定的维修费用。设该种设备在每年年初的价格（万元）如表 11-1 所示，使用不同时间（年）的设备所需要的维修费用（万元）如表 11-2 所示。问：如何制定一个五年之内的设备更新计划，才能使总费用最少？

表 11-1 设备的年初价格

第 i 年	1	2	3	4	5
价格	11	12	13	12	13

表11-2 设备的年度维修费

使用年数 x	$x \leq 1$	$1 < x \leq 2$	$2 < x \leq 3$	$3 < x \leq 4$	$4 < x \leq 5$
维修费用	5	6	8	11	18

模型建立 用点 a_i 表示"第 $i(i=1,2,3,4,5)$ 年年初购进一台设备"这种状态,用 a_6 表示第5年底的状态。对每个 $i=1,2,3,4,5$ 从 a_i 到 $a_{i+1}, \cdots, a_6$ 各画一条弧,弧 (a_i, a_j) 的权表示在第 i 年初购进一台设备一直使用到第 j 年初(即第 $j-1$ 年底)的费用。由此构成的网络图如图11-2所示。

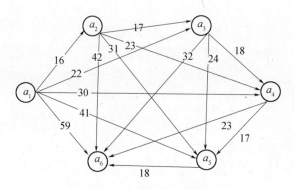

图11-2 费用维修网络图

设 $w_{ij}(i<j, i,j=1,2,\cdots,6)$ 表弧 (a_i, a_j) 的权;设 $x_{ij} = 0$ or $1(i<j, i,j=1,2,\cdots,6)$,若 $x_{ij}=0$ 表示 a_i 到 a_j 年之间不购买新设备,否则购买。费用最少的数学模型如下:

$$\min \quad z = \sum_{i=1}^{6} \sum_{j=i+1}^{6} w_{ij} x_{ij}$$

$$\text{s.t.} \quad \sum_{j=1}^{6} x_{ij} - \sum_{j=1}^{6} x_{ji} = \begin{cases} 1, & i=1 \\ -1, & i=6 \\ 0, & i \neq 1,6 \end{cases}$$

$$x_{ij} = 0 \text{ or } 1, i,j=1,2,\cdots,6$$

模型求解 在LINGO中输入如下程序代码:

```
model:
sets:
    years/1..6/;
    link(years,years)|&1#lt#&2:w,x;
endsets
data:
    w=16 22 30 41 59
17 23 31 42
        18 24 32
           17 23
              18;
enddata
```

```
min = @ sum(link:w * x);
@ for(years(i) |i#ne#1 #and# i#ne#6:@ sum(link(i,j):x(i,j)) = @ sum(link(j,i):x
(j,i)));
 @ for(years(i) |i#eq#1:@ sum(link(i,j):x(i,j)) = @ sum(link(j,i):x(j,i)) +1);
 @ for(years(i) |i#eq#6:@ sum(link(i,j):x(i,j)) = @ sum(link(j,i):x(j,i)) -1);
@ for(link:@ bin(x));
end
```

运行上面的程序,得最小费用值与非零决策变量值如下:

```
Global optimal solution found.
Objective value:                          53.00000
Objective bound:                          53.00000
Infeasibilities:                          0.000000
Extended solver steps:                           0
Total solver iterations:                         0

            Variable         Value          Reduced Cost
            X( 1, 4)      1.000000             30.00000
            X( 4, 6)      1.000000             23.00000
```

11.2 TSP 问题

旅行商问题(Traveling Salesman Problem,TSP)又译为旅行推销商问题、货郎担问题,它可描述为一个旅行商想去走访若干城市,然后回到他的出发地。给定各城市之间的路程后,怎样设计路线,使得他能对每个城市恰好进行一次访问,而所走的总路程最短。假设旅行商问题由城市$1,2,\cdots,n$组成,w_{ij}表示城市i到城市j之间的距离,决策变量定义为

$$x_{ij} = \begin{cases} 1, & \text{选择从城市}i\text{到城市}j \\ 0, & \text{否则} \end{cases}$$

其数学规划模型为

$$\min z = \sum_{i=1}^{n} \sum_{j=1}^{n} w_{ij} x_{ij}$$

s.t. $\sum_{i=1}^{n} x_{ij} = 1, i \neq j = 1,2,\cdots,n$

$\sum_{j=1}^{n} x_{ij} = 1, j \neq i = 1,2,\cdots,n$

$u_i - u_j + n x_{ij} \leq n-1, i \neq j, i,j = 2,3,\cdots,n$

$x_{ij} = 0$ 或 $1, i \neq j, i,j = 1,2,\cdots,n$

$u_j \geq 0, j = 1,2,\cdots,n$

例1 我国西部的 SV 地区共有 1 个城市(标记为1)和 9 个乡镇(标记为 2-10),它们之间的距离如表 11-3 所示。某公司计划在 SV 地区作广告宣传,推销员从城市 1 出发,经过各个乡镇,再回到城市 1,为节约开支,公司希望推销员走过这 10 个城镇的总距离最少。

表 11-3 10 个城镇之间的距离

	1	2	3	4	5	6	7	8	9	10
1	0	8	5	9	12	14	12	16	17	22
2		0	9	15	17	8	11	18	14	22
3			0	7	9	11	7	12	12	17
4				0	3	17	10	7	15	18
5					0	8	10	6	15	15
6						0	9	14	8	16
7							0	8	6	11
8								0	11	11
9									0	10
10										0

模型建立 设 $d_{ij}(i,j=1,2,\cdots,10)$ 是 i 与 j 之间的距离,$x_{ij}=1$ 或 0(1 表示连线,0 表示不连线)。则该问题的数学模型为

$$\min\ z = \sum_{i=1}^{10}\sum_{i=1}^{10} d_{ij} x_{ij}$$

$$\text{s.t.}\ \sum_{j=1}^{10} x_{ij} = 1, j \neq i = 1,2,\cdots,10$$

$$\sum_{i=1}^{10} x_{ij} = 1, i \neq j = 1,2,\cdots,10$$

$$u_i - u_j + 10 x_{ij} \leq 9, 2 \leq i \neq j \leq 10$$

$$x_{ij} = 0\ \text{或}\ 1, i,j = 1,2,\cdots,10$$

$$0 \leq u_i \leq 8, i = 2,3,\cdots,10$$

模型求解 程序如下:
```
model:
 sets:
   city/1..10/:u;
   link(city,city):d,x;
 endsets
 min = @ sum(link(i,j):d*x);
 @ for(city(i):@ sum(city(j) |j#ne#i:x(i,j)) =1);
 @ for(city(j):@ sum(city(i) |i#ne#j:x(i,j)) =1);
 @ for(link(i,j) |i#gt#1 #and# i#ne#j #and# j#gt#1:u(i) -u(j) +10*x(i,j) <9);
 @ for(link:@ bin(x));
 @ for(city(i):u(i) <8);
 data:
d = 0 8 5 9 12 14 12 16 17 22
    8 0 9 15 17 8 11 18 14 22
```

```
    5 9 0 7 9 11 7 12 12 17
    9 15 7 0 3 17 10 7 15 18
    12 17 9 3 0 8 10 6 15 15
    14 8 11 17 8 0 9 14 8 16
    12 11 7 10 10 9 0 8 6 11
    16 18 12 7 6 14 8 0 11 11
    17 14 12 15 15 8 6 11 0 10
    22 22 17 18 15 16 11 11 10 0;
 enddata
end
```

非零的决策变量 x_{ij} 如下：

```
Global optimal solution found.
Objective value:                          73.00000
Objective bound:                          73.00000
Infeasibilities:                          0.000000
Extended solver steps:                           0
Total solver iterations:                       977

              Variable         Value       Reduced Cost
              X( 1, 2)       1.000000       8.000000
              X( 2, 6)       1.000000       8.000000
              X( 3, 1)       1.000000       5.000000
              X( 4, 8)       1.000000       7.000000
              X( 5, 4)       1.000000       3.000000
              X( 6, 5)       1.000000       8.000000
              X( 7, 3)       1.000000       7.000000
              X( 8,10)       1.000000       11.00000
              X( 9, 7)       1.000000       6.000000
              X(10, 9)       1.000000       10.00000
```

从上面的结果中可知，最短距离为73，行走路线为：1→2→6→5→4→8→10→9→7→3→1。

11.3 最大流问题

最大流问题就是在一定条件下，流过网络的物资流、能量或信息流为最大的问题。例如在通信网络中，求两个指定点间的最大通话量问题。给定有 n 个节点 $v_i(i=1,2,\cdots,n)$ 的网络，其中 v_1 是发点，v_n 是终点。已知在弧 (v_i,v_j) 上流量的容量为 u_{ij}。最大流问题就是要求从节点 v_1 到 v_n 的最大流量。设 x_{ij} 表示弧 (v_i,v_j) 上的流量，则其数学模型为

$$\max \ z = v$$

$$\text{s.t.} \quad \sum_{j=1}^{n} x_{ij} - \sum_{j=1}^{n} x_{ji} = \begin{cases} v, & i=1 \\ 0, & 1<i<n \\ -v, & i=n \end{cases}$$

$$0 \leq x_{ij} \leq u_{ij}, (i,j) \in E$$

例1 连接某品产地V_1和销地V_6的交通网如图11-3所示。其中,弧(V_i,V_j)表示从V_i到V_j的运输线,弧旁数字表示这条运输线的最大通过能力。制定一个运输方案,使V_1运到V_6的产品数量最多。

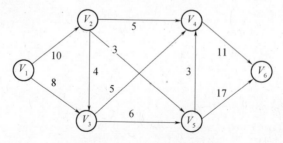

图11-3 产销运输网络图

模型建立 这是一个典型的网络最大流问题。设v表示V_6收到的产品数量;x_{ij}, u_{ij} ($i,j=1,2,\cdots,6$)分别表示对应弧上的最大通得能力和实际通行能力。该问题的数学模型如下:

$$\max \quad z = v$$

$$\text{s.t.} \quad \sum_{j=1}^{6} x_{ij} - \sum_{j=1}^{6} x_{ji} = \begin{cases} v, & i=1 \\ 0, & 1 < i < 6 \\ -v, & i=6 \end{cases}$$

$$0 \leq x_{ij} \leq u_{ij}, i,j=1,2,\cdots,6$$

模型求解 该模型的LINGO程序代码如下:

```
model:
sets:
    points/1,2,3,4,5,6/;
    link(points,points)/1,2 1,3 2,3 2,4 2,5 3,4 3,5 4,6 5,4 5,6/:x,u;
endsets
data:
    u=10 8 4 5 3 5 6 11 3 17;
enddata
max=v;
@for(points(i)|i #ne#1 #and# i #ne# @size(points):
@sum(link(i,j):x(i,j)) - @sum(link(j,i):x(j,i)) =0);
@sum(link(i,j)|i #eq#1:x(i,j)) - @sum(link(j,i)|i#eq#1:x(j,i)) =v;
@sum(link(i,j)|i #eq# 6:x(i,j)) - @sum(link(j,i)|i#eq#6:x(j,i)) = -v;
@for(link:@bnd(0,x,u));
end
```

运行程序,得最优值及非零决策变量值如下:

```
Global optimal solution found.
  Objective value:                              18.00000
  Infeasibilities:                              0.000000
```

```
Total solver iterations:                        4
         Variable           Value        Reduced Cost
         X( 1, 2)         10.00000         -1.000000
         X( 1, 3)          8.000000        -1.000000
         X( 2, 3)          3.000000         0.000000
         X( 2, 4)          5.000000         0.000000
         X( 2, 5)          2.000000         0.000000
         X( 3, 4)          5.000000         0.000000
         X( 3, 5)          6.000000         0.000000
         X( 4, 6)         10.00000          0.000000
         X( 5, 6)          8.000000         0.000000
```

11.4 最小费用流问题

最小费用流问题是从网络发点到收点且流值为 v 的流中,求出费用最小的流。在这类问题的网络中,每条弧 (v_i,v_j) 有两个数:一个是单位流通过该弧的费用 w_{ij},另一个是弧容量 u_{ij}。设 x_{ij} 是通过弧 (v_i,v_j) 的流量,则最小费用流问题的数学规划模型为

$$\max \quad z = \sum_{i=1}^{n}\sum_{j=1}^{n} w_{ij} x_{ij}$$

$$\text{s.t.} \quad \sum_{j=1}^{n} x_{ij} - \sum_{j=1}^{n} x_{ji} = \begin{cases} v, & i=1 \\ 0, & 1<i<n \\ -v, & i=n \end{cases}$$

$$0 \leqslant x_{ij} \leqslant u_{ij}, (i,j) \in E$$

例1 有 3 个电站 t_1,t_2,t_3,每月每个电站各需 60kt 煤。有 2 个煤矿 s_1,s_2,每月每个煤矿可提供 100kt 煤。煤矿向电站每月的最大运输能力如表 11-4 所示。

表 11-4 两个煤矿向 3 个电站的最大运输能力 (kt)

运输量	t_1	t_2	t_3
s_1	40	40	30
s_2	40	20	50

各线路的千吨费如表 11-5 所示。

表 11-5 两个煤矿向 3 个电站的单位运费 (千元)

运价	t_1	t_2	t_3
s_1	4	5	8
s_2	5	5	6

试给出供煤方案,使总运费最小。

模型建立 虚设两个节点 s、t,并设 s 到 s_1、s_2,以及 t_1、t_2、t_3 到 t 的运费均为 0。作出如

图 11-4 所示的网络运输图。这是一个典型的最小费用流问题,很容易得知网络的流量为 180。

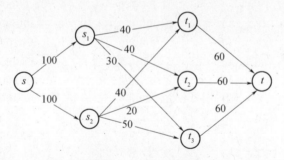

图 11-4 网络运输图

设 $w_{ij}, x_{ij}, u_{ij}(i,j=1,2,\cdots,7)$ 分别表示交通线上的单位运费、可行通行能力及最大通行能力。

$$\min\ z = \sum_{i=1}^{7}\sum_{j=1}^{7} w_{ij} x_{ij}$$

$$\text{s.t.}\ \sum_{j=1}^{7} x_{ij} - \sum_{j=1}^{7} x_{ji} = \begin{cases} 180, & i=1 \\ 0, & 1<i<7 \\ -180, & i=7 \end{cases}$$

$$0 \le x_{ij} \le u_{ij},\ i,j=1,2,\cdots,7$$

模型求解 LINGO 程序代码如下:

```
model:
sets:
   points/1,2,3,4,5,6,7/;
   link(points,points)/1,2 1,3 2,4 2,5 2,6 3,4 3,5 3,6 4,7 5,7 6,7/:u,w,x;
endsets
data:
   u=100 100 40 40 30 40 20 50 60 60 60;
   w=0 0 4 5 8 5 5 6 0 0 0;
enddata
min=@sum(link(i,j):w(i,j)*x(i,j));
@for(points(i)|i #ne#1 #and# i #ne# @size(points):
@sum(link(i,j):x(i,j))-@sum(link(j,i):x(j,i))=0);
   @sum(link(i,j)|i#eq#1:x(i,j))-@sum(link(j,i)|i#eq#1:x(j,i))=180;
   @sum(link(i,j)|i#eq#7:x(i,j))-@sum(link(j,i)|i#eq#7:x(j,i))=-180;
@for(link:@bnd(0,x,u));
end
```

运得程序,得最优值及非零决策变量值如下:

```
Global optimal solution found.
  Objective value:                              940.0000
  Infeasibilities:                              0.000000
  Total solver iterations:                             1
```

Variable	Value	Reduced Cost
X(1, 2)	90.00000	0.000000
X(1, 3)	90.00000	0.000000
X(2, 4)	40.00000	-1.000000
X(2, 5)	40.00000	0.000000
X(2, 6)	10.00000	0.000000
X(3, 4)	20.00000	0.000000
X(3, 5)	20.00000	0.000000
X(3, 6)	50.00000	-2.000000
X(4, 7)	60.00000	-3.000000
X(5, 7)	60.00000	-3.000000
X(6, 7)	60.00000	0.000000

11.5 最小生成树问题

假设要修建一个连接 n 个城市的铁路网,已知连接任何两个城市的铁路造价,在保证各城市连通的前提下,要求设计一个总造价最小的铁路网,就是一个典型的最小生成树问题。类似地,下水道的铺设、公路网的建设和煤气管道的装置等等都属这类问题。铁路网中仅有一段铁路与其连接的城市称为最小生成树的根。

设网络中共有 n 个顶点,d_{ij} 是两点 i 与 j 之间的距离,$x_{ij}=0$ 或 1 (1 表示连接,0 表示不连接),并假设顶点 1 是生成树的根,则最小生成树的 $0-1$ 规划模型为

$$\min \quad z = \sum_{i=1}^{n} \sum_{j=1}^{n} d_{ij} x_{ij}$$

$$\text{s.t.} \quad \sum_{j=1}^{n} x_{1j} \geq 1$$

$$\sum_{j=1}^{n} x_{ji} = 1, i = 2, 3, \cdots, n$$

$$u_i - u_j + n x_{ij} \leq n - 1, i, j = 2, \cdots, n, j \neq i$$

$$0 \leq u_i \leq n - 2, i = 2, 3, \cdots, n$$

例1 某工厂内部联结 10 个车间的道路网如图 11-5 所示,已知每条道路的距离,求沿部分道路架设 10 个车间的电话网,使电话线总距离最短?

模型建立 这是一个典型的最小生成树问题。设 $d_{ij}(i, j = 1, 2, \cdots, 10)$ 表示相邻两个车间的距离。若 $x_{ij} = 1(i, j = 1, 2, \cdots, 10)$ 表示相邻两个车间架设电话线,否则不架设。该问题的数学模型为

$$\min \quad z = \sum_{i=1}^{10} \sum_{j=1}^{10} d_{ij} x_{ij}$$

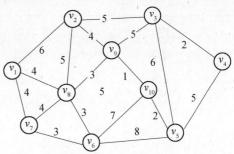

图 11-5 电话网络图

$$\text{s.t.} \quad \sum_{j=1}^{10} x_{1j} \geq 1$$

$$\sum_{\substack{j=1 \\ i \neq j}}^{10} x_{ji} = 1, i = 2, 3, \cdots, 10$$

$$u_i - u_j + 10 x_{ij} \leq 9, i, j = 2 \cdots, 10, i \neq j$$

$$0 \leq u_i \leq 8, i = 2, \cdots, 8$$

模型求解 为了能够求解上面的模型,将不相邻的两个车间的距离值设为充分大即可。上面模型的 LINGO 程序代码如下:

```
model:
sets:
    rooms/1..10/:u;
    link(rooms,rooms):d,x;
endsets
data:
    d =   0   6 100 100 100 100   4   4 100 100
          6   0   5 100 100 100 100   5   4 100
        100   5   0   2   6 100 100 100   5 100
        100 100   2   0   5 100 100 100 100 100
        100 100   6   5   0   8 100 100 100   2
        100 100 100 100   8   0   3   3 100   7
          4 100 100 100 100   3   0   4 100 100
          4   5 100 100 100   3   4   0   3 100
        100   4   5 100 100 100 100   3   0   1
        100 100 100 100   2   7 100 100   1   0;
enddata
min = @sum(link:d*x);
@sum(rooms(j):x(1,j)) >1;
@for(rooms(i)|i#ne#1:@sum(rooms(j)|j#ne#i:x(j,i)) =1);
@for(link:@bin(x));
 n = @size(rooms);
@for(link(i,j)|i#gt#1 #and# j#gt#1 #and# i#ne#j:u(i)-u(j)+n*x(i,j)<n-1);
@for(rooms(i)|i#gt#1:@bnd(0,u(i),8));
end
```

运行程序,最优值及非零决策变量值如下:

```
Global optimal solution found.
  Objective value:                              27.00000
  Objective bound:                              27.00000
  Infeasibilities:                              0.000000
  Extended solver steps:                               1
  Total solver iterations:                           776
              Variable           Value        Reduced Cost
```

X(1, 7)	1.000000	4.000000
X(3, 4)	1.000000	2.000000
X(6, 8)	1.000000	3.000000
X(7, 6)	1.000000	3.000000
X(8, 9)	1.000000	3.000000
X(9, 2)	1.000000	4.000000
X(9, 3)	1.000000	5.000000
X(9, 10)	1.000000	1.000000
X(10, 5)	1.000000	2.000000

参 考 文 献

[1] 钱颂迪,等.运筹学[M].3版.北京:清华大学出版社,2005.
[2] 司守奎,孙玺菁.数学建模算法与应用[M].北京:国防工业出版社,2013.
[3] 田世海,等.管理运筹学[M].北京:科学出版社,2011.
[4] 华长生,等.运筹学教程例题分析与题解[M].北京:清华大学出版社,2012.
[5] 韩中庚.实用运筹学[M].北京:清华大学出版社,2007.
[6] 张杰,等.运筹学模型与实验[M].北京:中国电力出版社,2007.
[7] 张秀兰,林峰.数学建模与实验[M].北京:化学工业出版社,2013.
[8] 姜启源,谢金星,叶俊.数学模型[M].3版.北京:高等教育出版社,2003.
[9] 赵东方.数学模型与算法[M].北京:科学出版社,2007.
[10] 赵静,但琦.数学建模与数学实验[M].2版.北京:高等教育出版社,2003.
[11] (美)吉奥丹诺.数学建模[M].3版.叶其孝,姜启源,等译.北京:机械工业出版社,2005.
[12] 沈继红,等.数学建模[M].哈尔滨:哈尔滨工业大学出版社,2007.
[13] 金圣才,尹守华.运筹学[知识精要与真题详解][M].北京:中国水利水电出版社,2011.
[14] (美)戴维·R·安德森,等.数据、模型与决策[M].于淼,等译.北京:机械工业出版社,2003.
[15] 胡运权.运筹学习题集[M].4版.北京:清华大学出版社,2010.
[16] 穆英红,王爱云.基于非线性规划的农产品物流园区选址模型[J].山东师范大学学报(自然科学版).28(1),2008:41-43.
[17] 傅家良.运筹学方法与模型[M].上海:复旦大学出版社,2006.
[18] Lindo Systems Inc., LINGO 12 Users Manual(在 LINGO 软件的安装目录中).
[19] 叶向.实用运筹学(运用 Excel 2010 建模与求解)[M].2版.北京:中国人民大学出版社,2013.
[20] 林健良.运筹学及实验[M].广州:华南理工大学出版社.2005.
[21] 谢金星,薛毅.优化建模与 LINDO\LINGO 软件[M].北京:清华大学出版社,2005.
[22] 袁新生,等.LINGO 和 Excel 在数学建模中的应用[M].北京:科学出版社,2007.

第三篇
统计分析软件 SPSS 初步

SPSS 是英文"Statistical Package for the Social Science"的缩写,中文意思为"社会科学统计软件包",1992 年改名为"Statistical Product and Service Solutions",译为"统计产品和服务解决方案"。2009 年,SPSS 公司将其定位为预测统计分析软件(Predictive Analytics Software, PASW)。2010 年,SPSS 公司被 IBM 公司收购,又被更名为 IBM SPSS。

SPSS 是目前世界上比较流行的统计分析软件之一,它在社会科学和自然科学的统计分析领域有着广泛的应用。本篇以 IBM SPSS 20.0 为蓝本,基于统计学知识及其相关的数学模型,对 SPSS 的使用方法进行初步介绍。

第十二章 SPSS 概述

12.1 SPSS 的功能

SPSS 是一款功能非常全面的预测统计分析软件。它利用已经获取的数据文件,对其进行预测与各类统计分析,还能使用这些数据创建复杂统计分析的表格式报告、图和表。SPSS 的基本功能有以下几方面。

1. 数据管理

SPSS 具有强大的数据管理功能,包括数据结构的变量名及其属性的定义与修改,数据及其属性的复制,标识重复或异常个案,添加、排序、选择或加权个案,行列转置,重组数据,合并或拆分文件,分类汇总以及查找数据等。

2. 数据转换

SPSS 具有数据转换功能,包括计算变量,计算个案值出现次数,重新编码为相同或不同变量,准备数据建模,个案排秩和替换缺失值等。

3. 统计分析

SPSS 的统计分析功能包括描述性统计分析、参数估计、假设检验、非参数检验、方差分析、相关分析、因子分析、聚类分析与判别分析等。

4. 统计建模

SPSS 的统计建模功能可以轻松地实现从抽样设计、统计描述到复杂统计建模以及发现影响因素的整个分析过程。方差分析模型、线性回归模型、Logistic 回归模型等许多统计模型都可以加以使用,而操作方式相对来说还是比较简单的。

5. 图表制作

SPSS 提供了多种不同形式的图形和表格供使用者选择。使用者可根据需要来选择自己所需风格与功能的图或表来整理数据,使报告、论文更简洁、更美观。

另外,SPSS 制作的表格还可以直接被导出到 PowerPoint 中。

12.2 SPSS 的启动界面

当启动 SPSS 20.0 时,软件首先弹出的是如图 12-1 所示的对话框。对话框上共有 7 种选择。

选择"打开现有的数据源"会让用户打开一个最近被使用过的数据文件。也可以单击"更多文件"来打开使用者想要打开的文件;

图 12－1 SPSS 20.0 的启动对话框

选择"打开其他文件类型"可以打开一个非 SPSS 默认的数据文件,如 Txt 文件或 Excel 文件;

选择"运行教程"可以帮助初学者简要了解 SPSS 软件不同模块的操作使用方法;

选择"输入数据"将建立一个新的数据文件或在数据编辑器中录入数据。有关数据编辑器的内容,详见第十三章;

选择"运行现有查询"将选择运行一个查询文件;

选择"使用数据库向导创建新查询"将进入数据库向导,用户可以利用数据库向导导入数据来建立一个新的数据文件;

若选择"以后不再显示此对话框",则再次启动 SPSS 时就不会出现启动对话框。

当前 6 项选择有一项被选中时,单击"确定"按钮即可进行下一步的操作。

单击对话框中的"取消"按钮,就会进入如图 12－2 所示的数据编辑器。

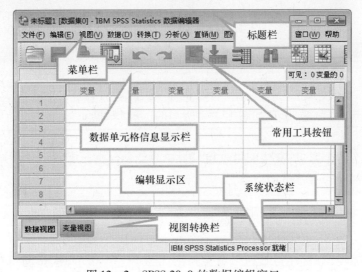

图 12－2 SPSS 20.0 的数据编辑窗口

有关菜单项的功能简单介绍如表 12-1 所示。

表 12-1　菜单项功能简介

菜单项	功能简介
文件	数据文件的存取及打印,外部数据文件的读取
编辑	数据的复制、剪切、粘贴等基本的数据编辑功能
视图	数据窗口的外观设置
数据	数据整理的一些功能,包括插入新个案和新变量、数据排序、数据文件的拆分、个案(或变量)的选取与合并等
转换	数据整理及数据转换功能,包括计算新变量、重新编码等
分析	SPSS 所有的统计分析功能模块
直销	为市场营销人员设计的简单有效的应用功能
图形	SPSS 图表绘制程序模块,汇集了所有的 SPSS 绘图功能
实用程序	包含变量信息、文件信息、定义和使用集合、菜单编辑器等
窗口	SPSS 主窗口的呈现方式及窗口的转换
帮助	提供各种类型的 SPSS 帮助

关于数据编辑窗口与变量辑窗口的介绍,详见第十三章。

12.3　SPSS 20.0 的帮助系统

SPSS 是一个专业的统计分析软件。对于如何使用该软件,它提供了一个相当完善的帮助系统。初学者可以通过帮助系统来快速适应和掌握 SPSS 20.0 的操作,也可以利用帮助系统解决使用者在使用 SPSS20.0 过程中遇到的各种各样的困难。

单击菜单栏中的"帮助"就会弹出如图 12-3 所示的下拉菜单。

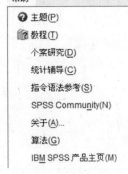

图 12-3　帮助系统菜单

12.3.1　联机帮助

帮助系统菜单栏中的"主题"表示"联机帮助",打开"主题"就会启动默认浏览器,出现如图 12-4 所示的"联机帮助"对话窗口。

该窗口分为两个窗口:左边的目录窗口显示查找信息的主题;右侧窗口显示与被选中的左侧目录相对应的具体帮助内容。

12.3.2　帮助教程

单击帮助系统菜单中的"教程",就会弹出如图 12-5 所示的"帮助教程"窗口。"帮助教程"为初学者提供了 SPSS 具体操作步骤的图解指导。

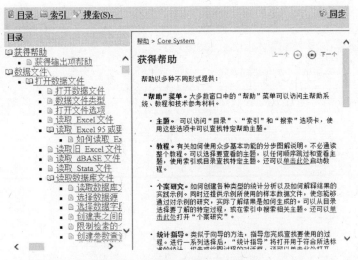

图 12-4 "联机帮助"对话窗口

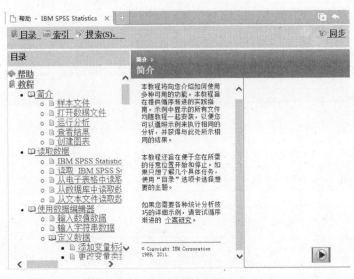

图 12-5 "帮助教程"窗口

12.3.3 个案研究

"个案研究"帮助模块就是以图解的形式对实例详细地给出每一个操作步骤,向用户展示 SPSS 的实际操作过程,以帮助用户尽快掌握 SPSS 的功能。

12.3.4 统计辅导

"统计辅导"帮助模块的作用是指导用户找到并使用正确的 SPSS 过程进行统计分析,如图 12-6 所示。该帮助文档可帮助用户给出统计分析中所需要的各种统计过程以及对话框的选择。

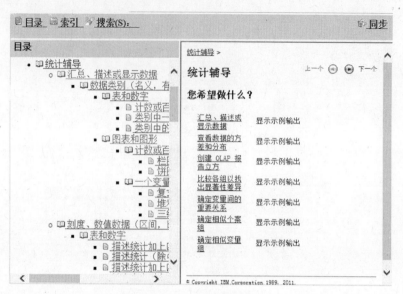

图 12-6 "统计辅导"窗口

"指令语法参考"和"算法"是为统计分析专业人士提供参考帮助的模块。由于本书是非统计专业的本科学生的参考书,故这里省略这两部分的叙述。

第十三章 数据文件的建立与管理

已经建立的数据文件是 SPSS 软件操作的对象。若没有数据文件,SPSS 是无法进行任何操作的。因此,建立数据文件是 SPSS 软件的首要任务。数据文件的来源主要包括以下 3 个方面:
(1) 在 SPSS 数据编辑器中输入数据建立数据文件。
(2) 打开 SPSS 默认的数据文件。
(3) 读取非 SPSS 默认的数据文件(如 txt、Excel 和 ASCII 文件等)。

13.1 数据文件的建立与读取

若想建立数据文件,需要先建立 SPSS 数据文件的结构,然后才能录入数据文件内容。

13.1.1 数据文件的结构

当单击"视图转换栏"中的"变量视图"时,就会出现如图 13 - 1 所示的"变量视图"窗口。

图 13 - 1　SPSS 20.0 的"变量视图"窗口

"变量视图"窗口是定义 SPSS 数据变量的操作窗口,用于对变量进行各种编辑。如图 13 - 1 所示的二维表是变量视图表,它可以用来定义和修改变量的名称、类型及其他属性。在变量视图表中,每一行描述一个变量。
(1) 名称,即变量名。名称的命名规则一般如下:
① 每个变量名必须是唯一的。

② 变量名的长度不能超过 64 个字符(32 个汉字)且英文不区分大小。
③ 变量名不能与 SPSS 的保留字相同,如 all、ne、eq、by、and、or 等。
④ 变量名的首字符必须是字母或汉字,其他字符可以用任何字母、阿拉伯数字、标点或符号等,但不能使用空格或"!""?""_"和"*"等,且不能以句点结束变量名。
⑤ 如不指定变量名,则系统默认变量名为以"VAR"开头,后面跟 5 个数字。

(2) 类型,即每个变量取值的类型。SPSS 的变量包括数值型变量、字符型变量和日期型变量 3 种。数值型变量默认长度为 8,小数位数为 2;字符型变量的默认长度为 8,字符型变量不能参与运算,系统将区分大小写字母;日期型变量不能参与运算,要想使用日期变量的值进行运算必须通过有关的日期函数进行转换。在类型列中任意选择一个单元格,单击其右侧的 按钮,弹出如图 13 - 2 所示变量类型对话框。

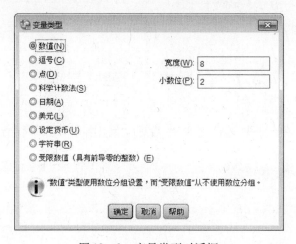

图 13 - 2　变量类型对话框

从图 13 - 2 可以知,数值型变量还包含 6 种具体的形式,合计为 9 种。其中"受限数值"在"变量类型对话框中"中已有详细说明,其他类型的详细说明如表 13 - 1 所示。

表 13 - 1　变量类型说明

类型	说明
数值	数值型变量,SPSS 默认的数据类型。可用标准数值格式输入,也可用科学记数法输入,如 4789,33.45 等
逗号	数值型变量,圆点做小数点、逗点做三位分割符的数值型变量,如 4,789.34
点	数值型变量,逗点做小数点、圆点做三位分割符的数值型变量,如 4.789,34
科学计数法	数值型变量,适合显示数值很大或者很小的数值型变量,如 4.3E + 003,4.3E - 003 分别表示 4.3×10^3,4.3×10^{-3}
日期	日期型变量,用于表示日期和时间的变量类型,当它被选中时,变量类型对话框会弹出 29 种不同的日期和时间格式供使用者选择
美元	数值型变量,需在有效数字前添加美元符号"$"。当它被选中时,变量类型对话框将会弹出相应的美元显示格式的列表选择框
设定货币	数值型变量,SPSS 提供了 5 个自定义货币变量的类型,使用者可选择其一
字符串	字符型变量,字符串值可以是任何字符(数字、字母、符号、空格、汉字和一些特殊字符等)

（3）宽度,指变量在数据编辑器窗口中可显示的最大字符位数。选中某个变量的"宽度"单元格,直接输入相应数值便可定义变量宽度或者通过调整宽度列中的上下按钮来实现。

（4）小数,是指小数点后的小数位数。其设置方法与"宽度"的设置方法相同。变量小数位数的设置对非数值型变量无效。

（5）标签,关于变量含义的详细说明,直接输入相应的内容即可,它又称为变量名标签。

（6）值,是对数值型变量各个取值含义的进一步解释和说明,又称为变量值标签。

（7）缺失,即缺失值的处理方式。在变量缺失值定义对话框中,有3种可选的缺失值处理方式,用户需自行选择。

（8）列,是数值编辑窗口中每列显示的字符数。如果列显示宽度小于变量的宽度,则相应列中的数据将显示为列宽较小的科学计数法,或者显示为若干个"＊"号。

（9）对齐,即变量数据的对齐方式。系统给出了"左""右"和"居中"三种对齐方式供使用者选择。

（10）度量标准,即数据的测度方式。在"度量标准"栏的下拉列菜单中列出了"度量""序号""名义"3种标准的度量尺度供选择。度量型数据指如身高、体重等连续型变量;序号型数据指具有内在固有大小或高低顺序的数据,它一般可以用数值或字符表示,如职位的高低;名义型数据指没有内在固有大小或高低顺序的数据,如男女一般用1、0来表示。

（11）角色,用于预先选择分析变量的预定义角色。在"角色"栏中的下拉列菜单中有5项选择:"输入"是指变量将用作输入(如自变量、预测变量);"目标"是指变量将用作输出或目标;"两者都"是指变量为输入和输出变量双重角色;"无"是指变量没有角色分配,即不被纳入分析;"分区"是指变量角色为使整个样本分为若干部分;"拆分"具有此角色的变量不会在 SPSS 中用作拆分文件变量。

定义了变量的各种属性后,回到数据编辑器表中,就可以直接在表中录入数据。

 13.1.2 数据的录入

在定义了所有变量后,单击数据编辑器窗口的"数据视图"标签,然后单击要输入数据的单元格,即可输入数据。

例1 在 SPSS 中定义如表 13－2 所示数据的数据结构。

表 13－2 某单位职工信息表

工号	性别	收入	生日	身高
09001	0	$253.00	1976/03/12	165.00
09002	1	$465.00	1975/05/03	176.00
09003	0	$278.00	1973/08/22	180.00
09004	1	$280.00	1974/07/17	174.00
09005	1	$550.00	1978/11/24	163.00
09006	0	$246.00	1979/06/23	171.00
09007	1	$375.00	1980/08/30	180.00

该职工信息表的数据结构定义如图 13-3 所示。

图 13-3　职工信息数据结构

如果数据量很大,那么手动录入将是一项非常困难的工作。SPSS 能够从许多种文件中读取数据,由于篇幅有限,这里仅介绍如何读取 txt 文件与 Excel 文件。

 13.1.3　从 txt 文件读取数据

下面以图 13-4 所示为例来说明如何从 txt 文件读取数据,一般的读取步聚如下:

图 13-4　txt 文件的数据

(1) 按"文件→打开→数据"的顺序打开对话框(图 13-5),找到文件所在的位置,在文件类型中指定个扩展名为 txt 的数据文件并选中所需要的文件,单击"打开"按钮就会弹出如图 13-6 所示的文本导入向导。

图 13-5　文件"打开"对话框

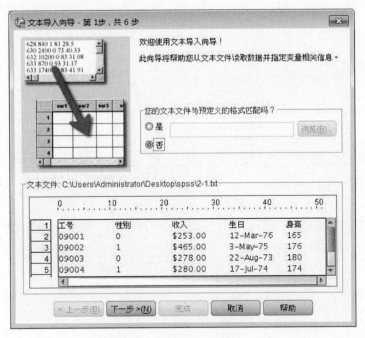

图 13-6　读取 txt 文件第 1 步

由于这里的文件格式并未预选定义好,所以 选择"否"单选按钮,单击"下一步"按钮,会弹出如图 13-7 所示文本导入向导。

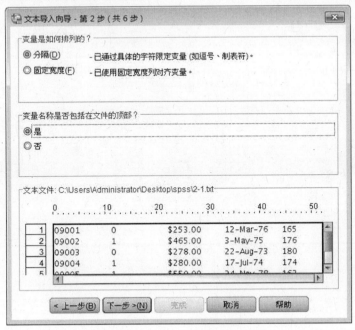

图 13-7　读取 txt 文件第 2 步

(2) 选择使用"分隔"或"固定宽度"来区分字段。如果变量名在文件的顶部,选"是",否则选"否"。单击"下一步"按钮会弹出如图 13-8 所示的对话框。

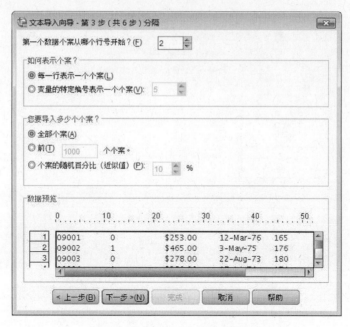

图 13-8　读取 txt 文件第 3 步

(3) 在图 13-8 中，根据实际情况进行选择，然后单击"下一步"就会弹出如图 13-9 所示的文本导入向导。

图 13-9　读取 txt 文件第 4 步

(4) 在这个对话框中，需要设置变量之间的间隔类型以及显示设置后的数据预览效果。然后单击"下一步"按钮，就会弹出如图 13-10 所示的文本导入向导。

(5) 修改数据格式与变量名称，然后单击"下一步"按钮就会弹出如图 13-11 所示的对话框。

图 13-10　读取 txt 文件第 5 步

图 13-11　读取 txt 文件第 6 步

（6）这是文本向导的最后一步，选择是否保存这个文件格式，并选择是否粘贴语法，然后单击"完成"按钮，文本文件的数据就会被导入 SPSS 软件中。

 13.1.4　从 Excel 文件读取数据

读取 Excel 文件要比读取文本文件容易得多。仍然按"文件→打开→数据"的顺序打开对话框（图 13-5），找到文件所在的位置，在文件类型中指定某个扩展名为 xlsx（或

171

xls)的数据文件并选中所需要的文件,单击"打开"按钮就会弹出如图 13 – 12 所示的对话框。

图 13 – 12　读取 Excel 文件数据对话框

设置相应的参数,然后单击"确定"按钮,即可将 Excel 的数据读入 SPSS。

 13.1.5　保存数据文件

SPSS 数据编辑器窗口内的数据必须在已保存的状态下才能被使用。另外,在不保存时,退出数据窗口后,所有的修改都将会丢失。SPSS 能够将数据编辑器窗口中的数据保存成多种格式的数据文件,如 SPSS 文件、Excel 文件、dbf 文件、txt 文件等。在菜单栏中依"文件→保存"或"文件→另存为"的命令顺序或在工具栏中单击"保存"按钮都会弹出如图 13 – 13 所示的"保存"对话框,进而实现对数据文件的保存。

图 13 – 13　SPSS 数据文件保存对话框

在完成数据的录入或读入之后,数据文件就建立起来了。在数据分析前,一般需要对数据文件进行一些必要的编辑或加工整理。

13.2 数据文件的编辑

13.2.1 插入、删除变量或个案

插入变量或个案,即在数据编辑器窗口的某个变量或个案前插入新的变量或新的个案。而删除变量或个案就是在数据编辑器窗口删除某变量所在列及该变量的全部数据或删除某选定个案所在行以及该个案的全部数据。

在数据编辑器窗口中,单击某一变量名即可选中该变量所在列,然后单击鼠标右键就会弹出如图 13-14 所示的下拉菜单。若选择"清除",则删除这一列;若选择"插入变量",则在这一列的左侧插入一个以"VAR"开头的新变量。也可按"编辑→插入变量"的顺序在编辑框的右侧插入新的变量。一般地,插入一个新变量之后,需要对其属性进行定义,然后才能录入数据。

图 13-14 变量编辑下拉单

单击数据编辑器窗口中第一列的某一序号,即可选中这一个案。对个案的插入或删除与变量的插入或删除的方法基本相同,此处不再赘述。

13.2.2 根据已有变量建立新变量

例1 二年一班 3 门功课期末考试成绩如表 13-3 所示,要求计算 3 门功课的总分。

表 13-3 3 门功课考试成绩

学号	数学	语文	英语
20121001	79.5	84	89.5
20121002	88.0	76	71.0
…	…	…	…
20121057	63.0	44	56.5
20121058	76.5	84	79.0

（1）在 SPSS 中录入或导入 3 门功课考试成绩，变量名为学号、数学、语文、英语。

（2）按"转换→计算变量"的顺序打开计算变量对话框，如图 13-15 所示。

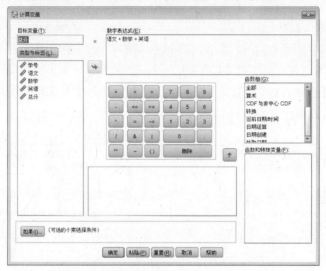

图 13-15 计算变量对话框

（3）在目标变量框中输入变量名"总分"。

（4）单击"类型与标签"，打开类型和标签对话框，如图 13-16 所示，设定目标变量的标签与类型。

图 13-16 类型与标签对话框

(5) 在数字表达式框输入表达式。
(6) 单击"确定"按钮,即可生成一个新的变量。
上述计算的部分结果如图 13 – 17 所示。

	学号	语文	数学	英语	总分	变量
1	2012101	79.5	84	89.5	253.00	
2	2012102	88.0	76	71.0	235.00	
3	2012103	92.5	88	101.5	282.00	
4	2012104	89.0	71	77.0	237.00	
5	2012105	82.5	95	100.0	277.00	
6	2012106	74.5	49	68.5	192.00	
7	2012107	27.5	41	24.0	92.50	
8	2012108	62.5	83	73.0	218.50	
9	2012109	94.5	64	81.5	240.00	

图 13 – 17　期末考试成绩的部分计算结果

13.2.3　个案选择

统计分析的过程中,若只需数据文件中的一部分个案。这时就需要对一些个案进行选择,个案选择常用的两种方式:条件式选取与随机个案选取。

1. 条件式选取

例如,在表 13 – 2 中,选择出 3 门课程都及格的个案。

(1) 按"数据→选择个案"的顺序打开"选择个案"对话框,如图 13 – 18 所示。

图 13 – 18　"选择个案"对话框

（2）在"个案选择"对话框中选择"如果条件满足"，然后单击"如果"按钮，就会弹出"选择个案：If"对话框，如图 13 – 19 所示。

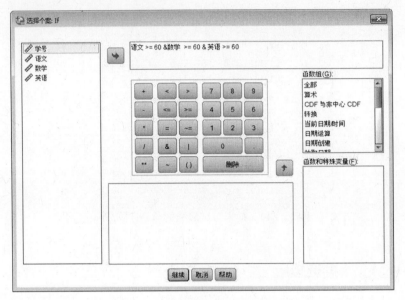

图 13 – 19　"选择个案：If"对话框

在 SPSS 中，符号"&""｜""~"分别表示逻辑运算"与""或""非"。所以本例选择的条件是："语文 > = 60 & 数学 > = 60 & 英语 > = 60"，然后单击"继续"按钮，就会返回到"选择个案对话框"。

（3）在"选择个案对话框"中的"输出"选项中单选一项输出项。此处选取默认的选项，输出结果的部分如图 13 – 20 所示。

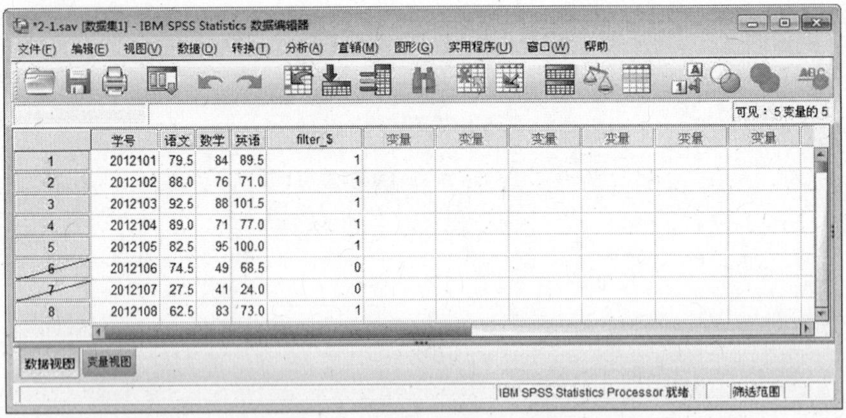

图 13 – 20　条件选择结果输出

2. 随机个案选取

当数据太多时，可随机抽取部分数据进行分析，这时候可以使用随机个案选取功能。例如选取 80% 个案。

在图 13 – 18"选择个案"对话框中选择"随机个案样本"，单击"样本"按钮，就会弹出如图 13-21 所示的"选择个案:随机样本"对话框。在"大约"选项中输入 80 即意味着设置了选取所有个案的 80%。之后的过程与条件式选取的情形一致。

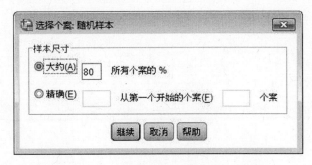

图 13-21 "选择个案:随机样本"对话框

13.2.4 数据的定位

1. 按个案序号和变量名自动定位

按"编辑→转至个案"的顺序打开"转到"对话框,如图 13-22 所示。在"转向个案数"对话框输入个案的序号,然后单击"转向"按钮,在"数据编辑器"窗口中显示的第 1 行就是所要转到的个案。在图 13-22 所示的对话框中,单击"变量"按钮就会转到"转向变量"对话框,在该对话框中输入想要转到变量的名称,然后单击"转向"按钮,在数据编辑器窗口中背景是黄色的那一列就是所要转向的变量列。

当"转向个案"与"转向变量"同时操作时,当前单元格将自动移动至指定的个案与变量相交的单元格内。

图 13-22 "转到"对话框

2. 按变量值自动定位

在当前数据单元格所在的列中,向下搜索满足指定条件的第一个个案,并将其设为当前数据单元格。按"编辑→查找"的顺序打开"查找和替换"对话框,如图 13-23 所示。

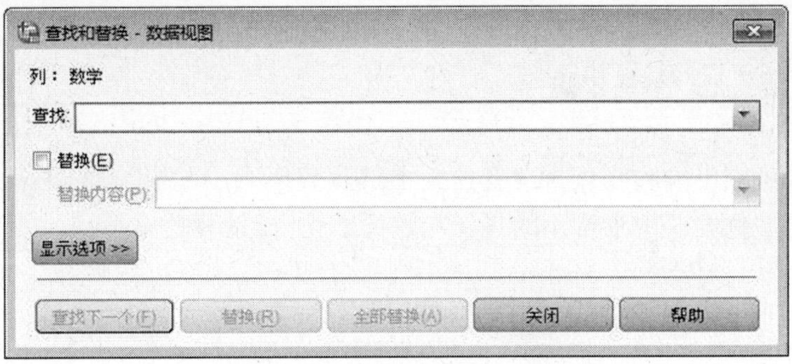

图 13-23 查找和替换对话框

177

在查找对话框中输入在该列中所要定位的数值,单击"查找下一个"按钮,系统将自动向下搜索满足指定变量值的第一个个案。

13.2.5 个案加权

个案加权就是对个案给予不同的权重。权重的值一般地是数据文件中单个个案的观察数,但也可为小数。

例2 144 名男子的红细胞数($10^2/$L)的整理数据如表 13 – 4 所示,请对个案进行加权。

表 13 – 4 114 名男子的红细胞数据

红细胞数	4.3	4.5	4.7	4.9	5.1	5.3	5.5	5.7	5.9	6.1	6.3	6.5
人数	2	4	7	16	20	25	24	22	16	2	5	1

(1)将数据录入 SPSS 数据编辑器中。

(2)对变量人数进行加权。按"数据→加权个案"的顺序打开"加权个案对话框",如图 13 – 24 所示。选中"加权个案",将变量"人数"加入到"频率变量"框中。单击"确定"按钮,即完成个案加权。进行加权个案后,SPSS 界面右下角出现"加权范围"且可以被储存到数据中,直到取消加权为止,否则一直对数据按加权处理。

图 13 – 24 "加权个案"对话框

13.2.6 数据标准化

为了消除量纲影响和变量自身变异大小以及数值大小的影响,有时需将数据进行标准化。数据标准化方法中最常用的是标准差标准化法,计算公式是

$$z_i = \frac{x_i - \bar{x}}{S},$$

式中:$\bar{x}$,S 分别为数据 x_i($i = 1, 2, \cdots$)的样本平均值与样本标准差。

例3 在 6 次的物理试验中,测得的相关数据如表 13 – 5 所示,为了能够对其进行下一步的分析,请对其进行标准化。

表 13-5 物理试验测定数据

序号	温度差/℃	始温度/℃	体密度/(kg·m⁻³)	流速/(m³·s⁻¹)	质量/mg
1	49.01	46.5	1.104	0.0014	0.0016
2	50.44	45.95	1.106	0.002	0.0024
3	51.42	45.5	1.108	0.003	0.0032
4	52.15	45.3	1.108	0.0035	0.004
5	52.12	45.4	1.108	0.0042	0.0048
6	51.76	46	1.106	0.0049	0.0056

(1)按"分析→描述统计→描述"的顺序打开"描述性对话框",如图 13-25 所示,并将所有变量名移入"变量框"。

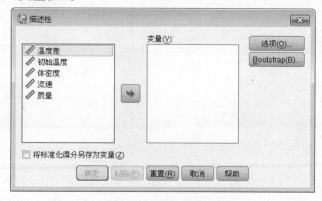

图 13-25 描述性对话框

(2)选定"标准化得分另存为变量(Z)",单击"确定"按钮即会得出输出结果,如图 13-26 所示。

温度差	初始温	体密度	流速	质量	Z温度差	Z初始温度	Z体密度	Z流速	Z质量
49.01	46.50	1.1040	.0014	.0016	-1.75085	1.58302	-1.63299	-1.33982	-1.33631
50.44	45.95	1.1060	.0020	.0024	-.58089	.38211	-.40825	-.88479	-.80178
51.42	45.50	1.1080	.0030	.0032	.22090	-.60046	.81650	-.12640	-.26726
52.15	45.30	1.1080	.0035	.0040	.81816	-1.03715	.81650	.25280	.26726
52.12	45.40	1.1080	.0042	.0048	.79361	-.81880	.81650	.78367	.80178
51.76	46.00	1.1060	.0049	.0056	.49908	.49128	-.40825	1.31454	1.33631

图 13-26 标准化输出结果

 13.2.7 对个案内的值计数

在数据处理和分析时,有时需要统计个案重复的情况,有时需要统计相同变量值(或变量值在某一区间内)出现的次数,这时需要用到 SPSS 的"对个案内的值计数"功能。

下面仍以本节例2的结果(表13-3的数据)为例,标识语文成绩在90分以上的所有学生。

(1) 按"转换→按个案内的值计数"打开"计算个案内值的出现次数"对话框,如图13-27所示。

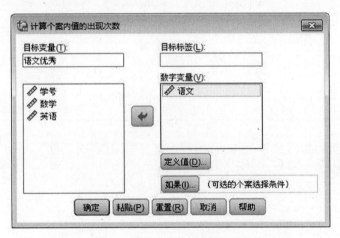

图13-27 "计算个案内值的出现次数"对话框

(2) 在"计算个案内值的出现次数"的"目标变量"框内输入标识变量的名称,在"目标标签"框中输入目标变量的标签。移入要统计的数字变量。单击"定义值"按钮,弹出如图13-28所示的"统计个案内的值:要统计的值"对话框。

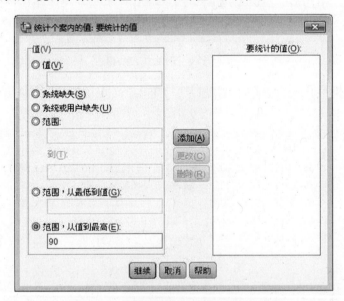

图13-28 统计个案内的值:要统计的值

(3) 在图13-28的对话框中,输入要统计的数值或范围,将其添加到"要统计的值"框中,单击"继续"按钮返回图13-27的对话框中。

(4) 在图13-27的对框中,单击"确定"按钮即会得到输出结果,部分结果如图13-29所示。

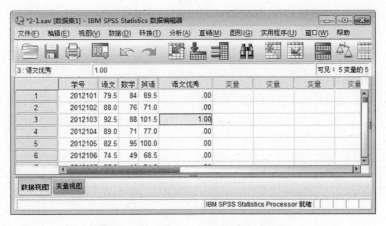

图 13-29　统计个案内的值输出结果

13.2.8　数据转置

所谓数据转置就是将数据编辑器中打开的数据进行行列互换,使原来的行变成列,原来的列变成行,与矩阵的转置一样。

按"数据→转置"的顺序打开"转置"对话框,如图 13-30 所示。将左边窗口中准备转置的变量移到右边变量框中。在"名称变量"框中输入转置后各变量的名称,也可以不输入,转置后系统会自动为其命名,这就需要用户为其重新命名。然后单击"确定"按钮即可实现数据的转置。

图 13-30　转置对话框

13.3　数据文件的整理

13.3.1　个案排序

下面以 13.2 节例 2 的结果(表 13-3 的数据)为例,对学生的总成绩按由大到小的顺序进行排序。对个案进行排序有 2 种方法。

（1）选中"总分"这一列,单击鼠标右键弹出如图 13 – 31 所示的对话框,单击"升序排列"或"降序排列"即实现对总分的排序。

（2）按"数据→排序个案"的顺序打开对话框,如图 13 – 31 所示。

先从左侧的源变量窗口选择变量"总分"移入"排序依据"窗口。然后选择用"降序"或"升序"排序规则进行排序。这里采用"降序"规则进行排序,其部分结果如图 13 – 32 所示。

图 13 – 31 "排序个案"对话框

图 13 – 32 总分排序的部分结果

 13.3.2 个案排秩

所谓秩是指对变量排序之后观察的顺号。下面仍以 13.2 节例 2 的结果(表 13 – 3 的数据)为例,对学生的总成绩进行排秩。按"转换→个案排秩"的顺序打开个案排秩对话框,如图 13 – 33 所示。

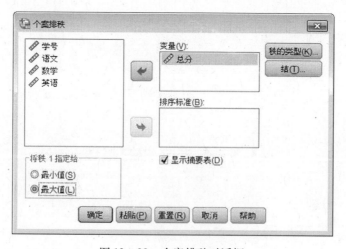

图 13 – 33 个案排秩对话框

将"总分"移到变量框中,然后将秩 1 指定给"最大值"。单击"确定"按钮,即可得输出结果,部分结果如图 13-34 所示。

	学号	语文	数学	英语	总分	R总分
1	2012101	79.5	84	89.5	253.00	31.000
2	2012102	88.0	76	71.0	235.00	40.000
3	2012103	92.5	88	101.5	282.00	15.000
4	2012104	89.0	71	77.0	237.00	39.000
5	2012105	82.5	95	100.0	277.00	17.000
6	2012106	74.5	49	68.5	192.00	49.500
7	2012107	27.5	41	24.0	92.50	58.000
8	2012108	62.5	83	73.0	218.50	46.000
9	2012109	94.5	64	81.5	240.00	36.000
10	2012110	92.0	103	110.0	305.00	2.000

图 13-34 个案排秩的部分结果

13.3.3 合并文件

合并文件是指将两个或多个文件中的个案或变量合并到一个文件中,包括纵向合并和横向合并。

1. 纵向合并

纵向合并是指将两个或多个数据文件上下对接,要求对接的数据文件有相同的变量和不同的个案,合并后,相同变量对应的观测值应保持在同一列。

例 4 将下面的两个数据文件(表 13-6 和表 13-7)合并成一个文件。

表 13-6 纵向合并数据 1

学号	性别	语文	数学	英语	政治	地理	生物	历史	计算机
101	1	79.5	84	89.5	66	35	31	46	73
102	0	88	76	71	74	49	50	72	67
103	0	92.5	88	101.5	79	50	51	66	84
104	1	89	71	77	80	49	45	57	60
105	0	82.5	94.5	100	73	64	66	64	68
106	1	74.5	49	68.5	81	36	39	45	63

表 13-7 纵向合并数据 2

学号	性别	语文	数学	英语	政治	地理	生物	历史	计算机
201	1	47	65	37	57	53	32	41	59
202	1	68	87	90.5	69	60	56	53	72
203	0	85	79	66.5	70	47	49	63	82
204	0	83.5	110	99	80	52	61	57	75
205	0	90	93	97.5	75	54	67	73	76

(1) 在数据编辑器窗口中打开一个需合并的文件。

(2) 按"数据→合并文件→添加个案"顺序打开"将个案添加到"对话框1,如图13-35所示。

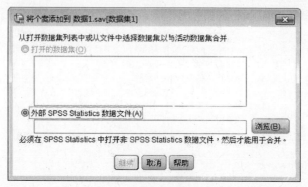

图13-35　添加个案对话框1

(3) 在"添加个案"对话框1内浏览到所要添加的文件选中并打开,就会回到"添加个案"对话框1,然后单击"继续"按钮就会弹出如图13-36所示的添加个案对话框2。

图13-36　添加个案对话框2

(4) 在图13-36中,在新的活动数据集中的变量是两个数据文件中的同名变量,SPSS默认它们有相同的数据含义。并将它们作为合并后新数据文件中的变量。

(5) 非成对变量框中若有变量名,则表示两个文件中不同名的变量名。

(6) 如果希望在合并后的数据文件中看出哪些个案来自合并前的哪个文件,可以选"将个案源表示为变量"。然后单击"确定"即完文件的合并,文件内容如图13-37所示。

2. 横向合并

横向合并是指将至少具有一对属性相同变量的两个或两个以上的数据文件进行左右对接形成新的数据文件。

	学号	性别	语文	数学	英语	政治	地理	生物	历史	计算机
1	101	1	80	84	90	66	35	31	46	73
2	102	0	88	76	71	74	49	50	72	67
3	103	0	92	88	102	79	50	51	66	84
4	104	1	89	71	77	80	49	45	57	60
5	105	0	82	94	100	73	64	66	64	68
6	106	1	74	49	68	81	36	39	45	63
7	201	1	47	65	37	57	53	32	41	59
8	202	1	68	87	90	69	60	56	53	72
9	203	0	85	79	66	70	47	49	63	82
10	204	0	84	110	99	80	52	61	57	75
11	205	0	90	93	98	75	54	67	73	76

图 13-37 纵向合并结果

例5 将下面的两个数据文件(表13-8和表13-9)合并成一个文件。

表 13-8 横向合并数据 1

学号	性别	语文	数学	英语
101	1	79.5	84	89.5
102	0	88	76	71
103	0	92.5	88	101.5
104	1	89	71	77
105	0	82.5	94.5	100
106	1	74.5	49	68.5

表 13-9 横向合并数据 2

学号	性别	地理	生物	历史
101	1	35	31	46
102	0	49	50	72
103	0	50	51	66
104	1	49	45	57
105	0	64	66	64
106	1	36	39	45

(1) 在数据编辑器窗口中打开一个需合并的文件。

(2) 按"数据→合并文件→添加变量"顺序打开"将变量添加到"对话框1,与图13-32类似。

(3) 在"添加变量"对话框1内浏览到所要添加的文件选中并打开,就会回到"添加变量"对话框1,然后单击"继续"按钮就会弹出如图13-38所示的对话框。

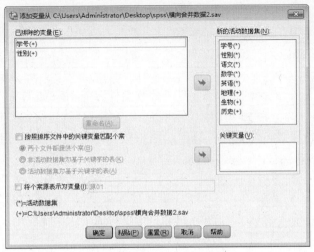

图 13-38 横向合并对话框 2

（4）在图 13-38 中单击"确定"按钮,就会返回到添加变量对话框 1。然后单击"确定"按钮就会完成文件的合并,结果如图 13-39 所示。

	学号	性别	语文	数学	英语	地理	生物	历史
1	101	1	80	84	90	35	31	46
2	102	0	88	76	71	49	50	72
3	103	0	92	88	102	50	51	66
4	104	1	89	71	77	49	45	57
5	105	0	82	94	100	64	66	64
6	106	1	74	49	68	36	39	45

图 13-39　横向合并文件结果

13.3.4　拆分文件

所谓的数据拆分并不是要把数据文件拆分成几个,而是根据实际情况,根据变量对数据进行分组,为以后的分组统计分析提供便利。

下面以表 13-10 中的数据为例,将其按性别拆分数据文件,阐述 SPSS 拆分数据文件的过程。

表 13-10　某班学生的考试成绩

学号	性别	语文	数学	英语	政治	地理	生物	历史	计算机
101	1	79.5	84	89.5	66	35	31	46	73
102	0	88	76	71	74	49	50	72	67
103	0	92.5	88	101.5	79	50	51	66	84
104	1	89	71	77	80	49	45	57	60
105	0	82.5	94.5	100	73	64	66	64	68
106	1	74.5	49	68.5	81	36	39	45	63
107	1	27.5	41	24	61	30	25	35	32
108	1	62.5	83	73	76	60	47	57	64.5
109	0	94.5	64	81.5	76	53	48	42	49

（1）按"数据→拆分文件"的顺序打开"分割文件"对话框,如图 13-40 所示。

（2）在文件的分解方式选项组中,"分析所有个案,不创建组"意味着系统不进行分组操作;"比较组"意味着系统将把各分组的结果放在一起进行比较输出;"按组织输出"意味着系统将所有程序产生的分组结果独立显示,本例选择这一项。

（3）在分组方式列表框中,选择 1 个或 1 个以上的分组变量。这里以"性别"为例。

（4）在选择排序方式选项组中,"按分组变量排序文件"是指系统会将观测量按分组文件的顺序排列,本例选择这一项;"文件已排序"表示文件已排序,无须系统进行排序操作。

图 13-40　分割文件对话框

(5) 单击"确定"按钮即会输出如图 13-41 所示的结果。

	学号	性别	语文	数学	英语	政治	地理	生物	历史	计算机
1	102	0	88.0	76	71.0	74	49	50	72	67
2	103	0	92.5	88	101.5	79	50	51	66	84
3	105	0	82.5	95	100.0	73	64	66	64	68
4	109	0	94.5	64	81.5	76	53	48	42	49
5	101	1	79.5	84	89.5	66	35	31	46	73
6	104	1	89.0	71	77.0	80	49	45	57	60
7	106	1	74.5	49	68.5	81	36	39	45	63
8	107	1	27.5	41	24.0	61	30	25	35	32
9	108	1	62.5	83	73.0	76	60	47	57	65

图 13-41　拆分文件结果

第十四章 数据的描述性分析

建立了数据文件且对其整理之后,通常需要先了解数据的基本特征和基本分布形状,为进一步的统计分析和数学建模做更充分的准备。

14.1 描述性统计

数据的基本特征包括均值、标准差、峰度与偏度、数据的分布形态等,这些基本特征的计算和描述称为数据的基本描述性统计。

例1 近年来荣获"奥斯卡奖"的最佳男主角和女主角的年龄按性别列在下面。请分析不同性别演员获得奥斯卡奖的年龄差异。

男演员 32 37 36 32 51 53 33 61 35 45 55 39 76 37 42 40 32
60 38 56 48 48 40 43 62 43 42 44 41 56 39 46 31
47 45 60

女演员 50 44 35 80 26 28 41 21 61 38 49 33 74 30 33 41 31
35 41 42 37 26 34 34 35 26 61 60 34 24 30 37 31 27
39 34

(1) 按"分析→描述统计→描述"的顺序打开"描述性"对话框,如图 14-1 所示,将两个变量移至变量框中。

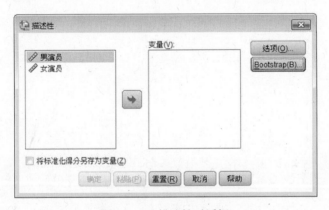

图 14-1 描述性对话框

(2) 单击"选项"按钮,就会弹出"描述:选项"对话框,如图 14-2 所示。其中,均值是指数据样本的平均值,其值定义为

$$\bar{x} = \frac{1}{n}\sum_{i=1}^{n} x_i$$

式中:n 为样本容量;x_i 为样本点的数值。下同。

合计是指样本数据的和,其值定义为

$$Sum = \sum_{i=1}^{n} x_i$$

样本方差的数学定义为

$$S^2 = \frac{1}{n-1}\sum_{i=1}^{n}(x_i - \bar{x})^2$$

样本标准差的数学定义为

$$S = \sqrt{\frac{1}{n-1}\sum_{i=1}^{n}(x_i - \bar{x})^2}$$

范围就是样本数据中的最大值与最小值的差。

均值的标准误即样本均值的标准差,其数学定义为

$$S.E.Mean = \frac{\sigma}{\sqrt{n}}$$

图 14-2 "描述:选项"对话框

式中:σ 为总体分布的标准差。均值的标准误是描述样本均值和总体值平均偏差程度的统计量。

峰度是描述取值分布形态陡缓的统计量,峰度的数学定义为

$$Kurtosis = \frac{1}{n-1}\sum_{i=1}^{n}\frac{(x_i - \bar{x})^4}{S^4} - 3$$

当峰度值为 0 时,数据分布的陡峭程度与正态分布相同;当偏度大于 0 时,为尖峰分布;当偏度小于 0 时,为平峰分布。

偏度是描述取值分布形态对称性的统计量,偏度的数学定义为

$$Skewness = \frac{1}{n-1}\sum_{i=1}^{n}\frac{(x_i - \bar{x})^3}{S^3}$$

若偏度值大于 0,称其为右偏或正偏;若偏度值小于 0,称其为左偏或负偏。只有正态分布的偏度系数为 0。

注:在非参数假设检验中,经常利用峰度和偏度的值是否接近于 0 来检验数据的分布是否接近于正态分布。

在显示顺序选项中,选择"变量列表"项。然后单击"断续"按钮,就会弹出结果报告表,如表 14-1 所示。

表 14-1 描述统计量

	N	全距	极小值	极大值	和	均值		标准差	方差	偏度		峰度	
	统计量	统计量	统计量	统计量	统计量	统计量	标准误	统计量	统计量	统计量	标准误	统计量	标准误
男演员	36	45	31	76	1625	45.14	1.734	10.406	108.294	.898	.393	.704	.768
女演员	36	59	21	80	1402	38.94	2.258	13.546	183.483	1.503	.393	2.111	.768
有效的 N	36												

14.2 频率分析

频数分析是描述性统计分析中最常用的方法之一。SPSS中频率分析过程是专门为产生频数表而设计的,它不仅可以产生详细的频数表,使数据分析者可以对数据特征与数据的分布有一个直观的了解。另外,它还可以按要求给出某百分位点的数值,以及给出常用的条图,圆图等统计图。

例1 调查60名健康女大学生的血清中蛋白含量(g%)如下所示,试作其频数分析。

7.50　7.35　7.88　7.43　7.58　6.50　7.43　7.12　6.97　6.80　7.35　7.50　7.20　6.43　7.58
8.03　6.97　7.43　7.35　7.35　7.58　7.58　6.88　7.65　7.04　7.12　8.12　7.50　7.04　6.80
7.04　7.20　7.65　7.43　7.65　7.76　6.73　7.20　7.50　7.43　7.35　7.95　7.35　7.47　6.50
7.65　8.16　7.54　7.27　7.27　6.72　7.65　7.27　7.04　7.72　6.88　6.73　6.73　6.73　7.27

(1) 将数据录入到SPSS数据编辑器中。

(2) 按"分析→描述统计→频率"打开"频率"对话框,如图14-3所示。将"蛋白含量"移入右边"变量"框中。

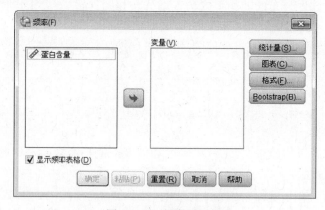

图14-3 频率对话框

(3) 单击"统计量"按钮,就会弹出"频率:统计量"对话框,如图14-4所示。

在图14-4所示的对话框中,共有5个选项组。下面一一对其进行解释说明。

"百分位值"就是将样本数据按升序排列后,排在前$p\%$的数据的右端点值称为样本的p分位数。而百分位值选项中,"四分位数"就是分别位于25%、50%和75%处的分位数;"割点"就是把样本数据平均分成几个相等部分的值,系统默认的割点个数是10个;"百分位数"是指用户可任意指定百分位数,本例增加了6%和80%。

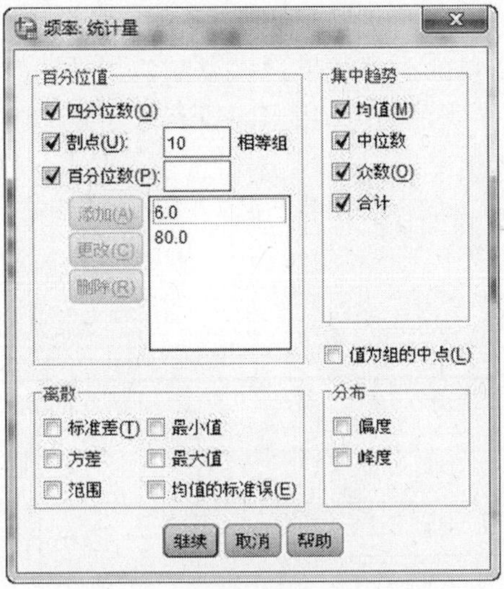

图 14-4 "频率:统计量"对话框

在"集中趋势"选项中:"中位数"是指数据在以升序或降序排列的情况下处于中间位置数据的值(如果样本容量为奇数,则取中间位置的数值。如果样本容量为偶数,则取中间两个数据的平均值);"众数"是指样本数据中出现次数最多的数值,可能不止一个;"合计"就是样本数据总和。

"值为组的中点"表示数据如果已经分组,则按分组的数据计算中位数和分位数,本例不选择该项。

其余的两个选项组,详见 14.1 节。

(4) 单击"继续"返回到"频率"对话框,单击"图表"按钮就会弹出"频率:图表"对话框,如图 14-5 所示。

在图 14-5 的对话框内,"无"表示不输出任何图表;"条形图"表示用分离的条形显示每个值或分类的计数;"饼图"表示将各部分的分布作为一个整体,饼图的每个部分对应于变量的每个分组;"直方图"按相同的间隔比例绘制直方图,每个条形的面积表明变量值落在该区间;本例还选择了"在直方图上显示正态曲线"。单击"继续"按钮返回。

(5) 单击"格式"时弹出"频率:格式"对话框,如图 14-6 所示。

图 14-5 "频率:图表"对话框

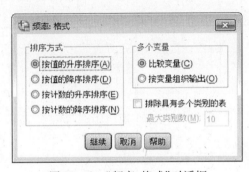

图 14-6 "频率:格式"对话框

当一次同时分析多个变量时,可选"多个变量"设定其输出方式。"比较变量"为默认格式,在一个表中显示所有变量的统计结果;"按变量组织输出"表示每个变量显示一个单独的统计表;"排除具有多个类的表"是指当频数表的分类超过 n 时,则不显示频数表,可设定最大类别数,默认值为 10。

(6) 单击"继续"按钮返回,再单击"确定"按钮就会得到输出结果,如表 14-2、表 14-3 和图 14-7 所示。

表 14-2 蛋白含量

		频率	百分比	有效百分比	累积百分比
有效	6.43	1	1.7	1.7	1.7
	6.50	2	3.3	3.3	5.0
	6.72	1	1.7	1.7	6.7
	6.73	4	6.7	6.7	13.3
	6.80	2	3.3	3.3	16.7
	6.88	2	3.3	3.3	20.0
	6.97	2	3.3	3.3	23.3
	7.04	4	6.7	6.7	30.0
	7.12	2	3.3	3.3	33.3
	7.20	3	5.0	5.0	38.3
	7.27	4	6.7	6.7	45.0
	7.35	6	10.0	10.0	55.0
	7.43	5	8.3	8.3	63.3
	7.47	1	1.7	1.7	65.0
	7.50	4	6.7	6.7	71.7
	7.54	1	1.7	1.7	73.3
	7.58	4	6.7	6.7	80.0
	7.65	5	8.3	8.3	88.3
	7.72	1	1.7	1.7	90.0
	7.76	1	1.7	1.7	91.7
	7.88	1	1.7	1.7	93.3
	7.95	1	1.7	1.7	95.0
	8.03	1	1.7	1.7	96.7
	8.12	1	1.7	1.7	98.3
	8.16	1	1.7	1.7	100.0
	合计	60	100.0	100.0	

表 14-3 统计量

蛋白含量

N	有效	60
	缺失	0
均值		7.2983
中值		7.3500
众数		7.35
和		437.90
百分位数	6	6.6452
	10	6.7300
	20	6.8980
	25	7.0400
	30	7.0640
	40	7.2700
	50	7.3500
	60	7.4300
	70	7.5000
	75	7.5800
	80	7.6360
	90	7.7560

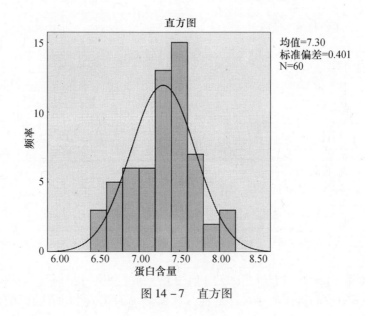

图 14-7 直方图

14.3 探索分析

探索分析主要用于对数据的性质、分布特点等未知的情况下,对数据进行初步检查,判断有无特异值或输入错误,判断变量值是否服从正态分布。它在一般描述性统计指标的基础上,又增加了3个功能:①绘制箱图和茎叶图来直观反映数据的分布形式并识别特异值和丢失的数据;②检验数据是否服从正态分布;③检验不同组数据方差是否相等。

例如,下面是30名10岁少儿的身高(cm)数据,试作探索性分析。
男孩 121.4　131.5　132.6　129.2　134.1　135.8　140.4　136.0　128.2　137.4
135.5　129.0　132.2　140.9　129.3
女孩　133.4　132.7　130.1　136.7　139.7　133.0　140.3　124.0　125.4　137.5
120.9　138.8　138.6　141.4　137.5

(1) 在数据编辑器中定义3个变量:序号、性别与身高。在性别变量中,男孩="1",女孩="0",然后按相应性别输入15名男孩与15名女孩的身高。

(2) 按"分析→描述统计→探索"的顺序打开"探索"对话框,如图14-8所示。
在"因变量列表"框中移入欲分析的变量"身高",将变量"性别"移入"因子列表"框。实际上"因子列表"框中的变量就是分组变量,可以没有分组变量,也可以有多个分组变量。"标注个案"框中只能移入一个变量,该变量作为输出诸如异常值时的标识符,本例移入"序号"变量。

"输出"选项组用于设定在输出结果中输出的内容。其中:"两者都"表示同时选择输出统计量和图形,是SPSS默认选项;"统计量"表示只输出描述性统计量,不输出图;"图"表示只输出图形,不输出统计量。

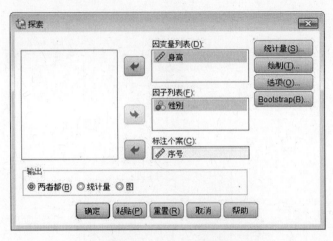

图 14-8 "探索"对话框

（3）单击"统计量"按钮会弹出如图 14-9 所示的"探索：统计量"对话框。

"描述性"是前面所讲述的描述性特征。选择该项时需在"均值的置信区间"框中输入计算均值置信区间上下限的值，一般为 1～99 之间的任意值，系统默认为 95%；"M-估计量"用于输出 4 种稳健极大极似估计量，本例选择这一项；"界外值"用于输出数据的离群点，将输出 5 个最大值和最小值；"百分位数"用于输出百分数。单击"继续"按钮返回"探索"对话框。

（4）在"探索"对话框中单击"绘制"选项，就会弹出"探索：图"对话框，如图 14-10 所示。

图 14-9 "探索：统计量"对话框

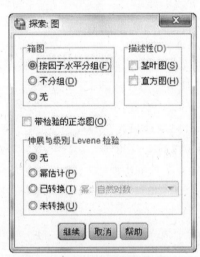

图 14-10 "探索：图"对话框

在"箱图"选项组中，"按因子水平分组"表示多个因变量箱图将按照因变量的个数分别显示；"不分组"表示所有因变量生成一个箱图，"无"表示不显示箱图。

"描述性"选项组用于设置图形输出时图形的种类。

"带检验的正态图"表示将进行正态分布检验,并生成标准 Q – Q 图和趋势标准 Q – Q 图。

"伸展与级别 Levene 检验"选项组用于对数据转换的散布水平图进行设置。对于所有的散布水平图,显示数据转换后的回归曲线的斜率和方差齐性的 Levene 检验。"无"不输出变量的散布水平和方差齐性检验;"幂估计"输出每个变量数据的四分位数的自然对数和中位数的自然对数及其方差转化为同方差所需要幂的估计;"已转换"可在其下拉菜单中选择转换函数并产生转后的数据散布图;"未转换"表示数据不进行转换,产生原始数据的散布图。单击"继续"按钮返回"探索"对话框。

(5) 单击"选项"按钮就会弹出"探索:选项"对话框,如图 14 – 11 所示。

在"缺失值"选项组中:"按列表排除个案"表示去除所有含缺失值的个案后再进行分析;"按对排除个案"表示去除当前分析变量中有缺失值的个案及与缺失值有成对关系的个案;"报告值"表示将分组变量的缺失值单独分为一组,并在频数表中输出。

单击"继续"按钮返回到"探索"对话框。

图 14 – 11 "探索:选项"对话框

(6) 单击"确定"按钮,即得输出结果,部分输出结果如表 14 – 4 ~ 表 14 – 6 和图 14 – 12 所示。

表 14 – 4 案例处理摘要

	性别	案例					
		有效		缺失		合计	
		N	百分比	N	百分比	N	百分比
身高	0	15	100.0%	0	0.0%	15	100.0%
	1	15	100.0%	0	0.0%	15	100.0%

表 14 – 5 M – 估计器

	性别	Huber 的 M – 估计器[a]	Tukey 的双权重[b]	Hampel 的 M – 估计器[c]	Andrews 波[d]
身高	0	135.46	135.90	135.10	135.92
	1	133.03	133.18	133.13	133.17

a. 加权常量为 1.339。
b. 加权常量为 4.685。
c. 加权常量为 1.700、3.400 和 8.500
d. 加权常量为 1.340 * pi

表 14-6 极值

身高	性别		案例号	序号	值
	0	最高	1	29	29	141
			2	20	20	140
			3	22	22	140
			4	27	27	139
			5	28	28	139
		最低	1	26	26	121
			2	23	23	124
			3	24	24	125
			4	18	18	130
			5	21	21	133[a]
	1	最高	1	14	14	141
			2	7	7	140
			3	10	10	137
			4	6	6	136
			5	8	8	136[b]
		最低	1	1	1	121
			2	9	9	128
			3	15	15	129
			4	12	12	129
			5	4	4	129

a. 下限值表中仅显示一部分具有值 133 的案例。
b. 上限值表中仅显示一部分具有值 136 的案例。

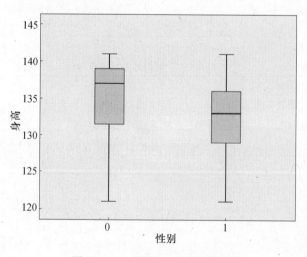

图 14-12 男生、女生身高箱图

第十五章 统计绘图

SPSS 20.0 的绘图功能很强大,可绘制多种统计图形。它可以把样本数据的的变化趋势、数量多少、分布状态和相互关系等生动、直观、形象地表现出来,这极大地方便了使用者的阅读、比较和分析。由于篇幅有限,本章仅叙述一些便于操作而又简单的图形绘制。

15.1 条形图

例1 比较中国1990—2003年的出生率、死亡率及自然增长率,数据如图15-1所示。要求以每年的出生率、死亡率及自然增长率为依据,绘制条形图。

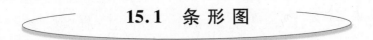

图 15-1 数据与图形制作下拉单

解 按"图形→旧对话框→条形图"的顺序打开条形图对话框,如图15-2所示。

"简单箱图"(即简单条形图)就是用若干平行且等宽的宽带条的长短或高低来表示各类统计数据的大小,各宽带条之间有间隙。

"复式条形图"是由两个或两个以上不同颜色的简单条形图组成的条形图组,每组内简单条形图之间无间隙,组与组之间有间隙,适用于两个或两个以上变量交叉分类的描述。

"堆积面积图"是以条形图的全长代表某变量所要描述的统计值,条形图内部按照另一个变量各类别所占的比例被划分为多个段,各段之间无间隙且以不同的颜色区别,但各条之间有间隙。

"个案组摘要"是指根据分组变量对所有个案分组,根据分组后的个案数据创建条形图,简单地说就是"个案分组模式";"各个变量的摘要"是指以变量为单位创建条形图,简称为"变量分组模式";"个案值"是指为分组变量中的每个个案生成一个条形图,简称为"个案模式"。这里选定"个案值"。

15.1.1 简单条形图

选中"简单箱图",然后单击"定义"按钮就会弹出"定义简单条形图:个案"对话框,如图 15-3 所示。

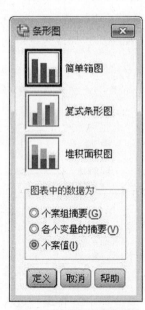

图 15-2 条形图对话框

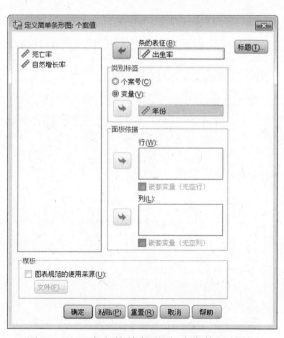

图 15-3 "定义简单条形图:个案值"对话框

"条的表征"就是用来定义确定条形图中宽条带长度的变+量,这里移入"出生率"。"类别标签"就是每个宽条带的标签,默认的是"个案号",这里选择变量为"年份"。

"面板依据"是设置分层变量选项,有行分层变量和列分层变量。本例不做分层处理,不选择该项。

"图表规范的使用来源"项可套用已有的 SPSS 图形模版做图,本例不选用。

单击"标题"按钮,弹出"标题"对话框,如图 15-4 所示。在"标题"对话框中可给图形添加标题、副标题、脚注等内容。

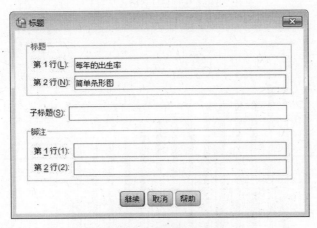

图 15-4 "标题"对话框

按如图 15-4 所示进行设置,然后单击"继续"返回到图 15-3 所示的对话框。单击"确定"按钮就会输出"简单条形图",如图 15-5 所示。

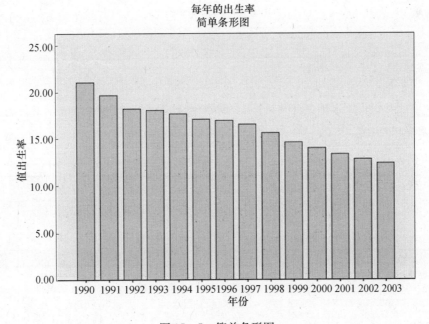

图 15-5 简单条形图

 15.1.2 复式条形图

在图 15-2 所示的对话框中,选择"复式条形图",然后单击"定义"按钮就会弹出与图 15-3 同样的对话框,然后将变量"出生率、死亡率与自然增长率"移入"条的表征"框,其他设置与简单条形图的设置几乎一致,就会得到如图 15-6 所示的复式条形图。

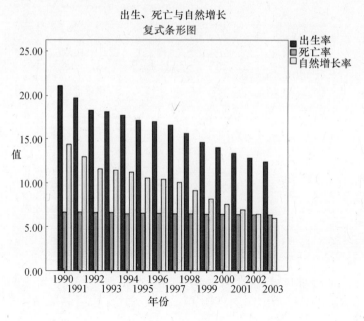

图 15-6 复式条形图

15.1.3 堆积面积图

例 2 甲、乙、丙 3 地某年 12 个月的降雨量如表 15-1 所示。请作出 3 地 12 个月降雨量的堆积面积图。

表 15-1 甲、乙、丙 3 地 12 个月的降雨量

地区	1 月	2 月	3 月	4 月	5 月	6 月
甲	30.6	4.8	38.8	34.9	149.4	98
乙	13.3	8.2	11.8	37.7	59.1	35.2
丙	2.6	2.9	17.3	56.9	103.5	27.9
地区	7 月	8 月	9 月	10 月	11 月	12 月
甲	248.2	234.4	467.6	21.1	92.8	0.8
乙	68.7	48.3	52	0.1	27	8
丙	131.5	115.9	37.4	94.7	50.4	0.1

首先将表 15-1 的数据输入或导入到数据编辑器中,然后选中图 15-2 所示的对话框中的"堆积面积图",单击"定义"按钮就会转到如图 15-3 与图 15-4 所示的对话框。在图 15-3 对话框的设置中,将 1 月至 12 月移入"条的表征"框中;将"地区"移入"类的标签"中。"标题"对话框这里不做设置了,然后单击"继续"按钮返回到图 5-3 所示的对话框,再按"确定"按钮可得到如图 15-7 所示的堆积面积图。

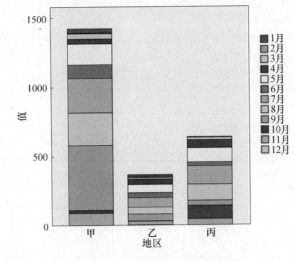

图 15-7 堆积面积图

15.2 3D 条形图

3D 条形图就是复式条形图在三维空间的表现形式。

例1 某公司 20 名员工的收入信息如表 15-2 所示。请根据个案数、基本工资和分红作出 3D 条形图。

表 15-2 某公司 20 名员工的收入

姓名	性别	基本工资	奖金	分红	姓名	性别	基本工资	奖金	分红
A	男	5000	1500	800	K	男	3478	1000	400
B	男	4800	1300	500	L	女	4800	1300	500
C	男	3700	1300	500	M	女	2080	1000	800
D	男	1980	1000	400	N	女	2440	1000	500
E	男	1540	1000	400	O	女	3980	1300	500
F	男	4690	1300	500	P	女	1730	1000	400
G	男	3150	1000	800	Q	女	2488	1000	400
H	男	1680	1000	500	R	女	4042	1500	500
I	男	4800	1300	500	S	女	2880	1000	500
J	男	3760	1000	400	T	女	3740	1200	600

将数据录入到数据编辑器中,按"图形→旧对话框→3D 条形图"的顺序打开"3D 条形图"对话框,如图 15-8 所示。

在"3D 条形图"对话框中,在"X,Y 轴代表含义"中虽然各提供了 3 个选项,但只有 4 种选择对才是 SPSS 允许的配对类型:个案组~个案组、个案组~单个变量、个案组~个别个案、单个变量~个别个案。我们选择默认的"个案组",然后单击"定义",就会弹出如图 15-9 所示的"定义 3D 条形图:个案组摘要"对话框。将"基本工资"移入"X 类别轴"框,"分红"移入"Z 类别轴"框。然后单击"确定"按钮,即会输出如图 15-10 所示的结果图。

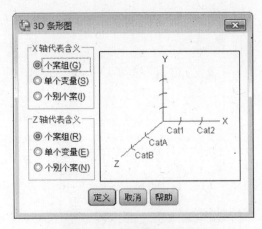

图 15-8　3D 条形图对话框

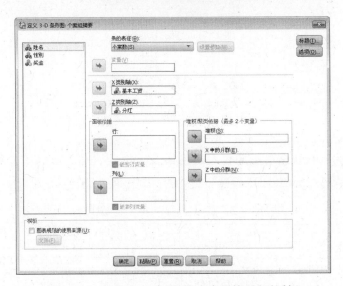

图 15-9　"定义 3D 条形图:个案组摘要"对话框

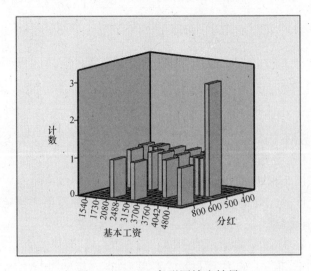

图 15-10　3D 条形图输出结果

15.3 线 图

所谓线图就是利用线条的延伸和波动来反映变量的变化趋势。线图有 3 种：简单线图、多线线图和垂直线图。简单线图是指用一条折线表示某个变量的变化趋势；多线图是指在同一个直角坐标系内用多条折线同时表示多个变量的变化趋势；垂线图是指几个变量在同一时期内差距的统计图。

15.3.1 简单线图

例 1 为研究某种化肥对农作物产量的影响，选取了 10 块条件基本相同的地块进行试验得到施肥量与农作物的亩产量，试作农作物亩产量与施肥量之间的关系图，数据如表 15-3 所示。

表 15-3 亩产量与施肥量的数据

地块编号	1	2	3	4	5	6	7	8	9	10
施肥量	2	4	5	8	8	10	11	13	14	15
亩产量	253	294	298	360	348	366	410	401	443	437

（1）将数据录入到 SPSS 中，按"图形→旧对话框→线图"的顺序打开"线图"对话框，如图 15-11 所示。

（2）选中"简单"。在"图表中的数据为"选项中，选择"个案值"。然后单击"定义"按钮，就会弹出如图 15-12 所示的"定义简单线：个案的值"对话框。

图 15-11 "线图"对话框

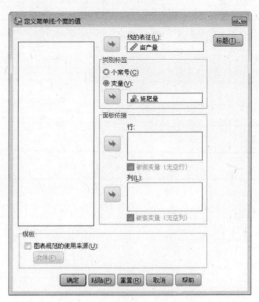

图 15-12 "定义简单线：个案的值"对话框

(3)将"亩产量"移入"线的表征"框;将"施肥量"移入"类别标签"框,然后单击"确定",即可输出如图 15-13 所示的单线图。

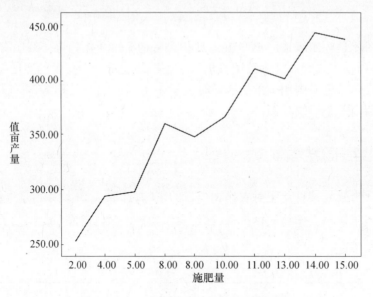

图 15-13 亩产量与施肥量的简单线图

 15.3.2 多线线图

例2 表 15-4 是某地区 1995—2003 年各种经营业的营业额。请根据表中数据作出该地区经营业的多线图。

表 15-4 经营业的营业额(万元)

年份	批发零售	餐饮业	其他	年份	批发零售	餐饮业	其他
1995	13801.3	1579.2	5239.5	2000	23042.3	3752.6	7357.7
1996	16205.1	2024.9	6544.1	2001	25510.8	4368.9	7715.5
1997	18108.3	2433.3	6757.3	2002	34514.2	5433.3	2079.6
1998	19185.8	2816.4	7150.3	2003	37692.5	6065.7	2083.8
1999	20551.8	3199.6	7383.3				

(1)将数据录入到 SPSS 中,在图 15-11 中选中"多线线图",在"图表中的数据为"选项中,仍选中"个案值"。然后单击"定义"按钮,即会弹出如图 15-14 所示的对话框。

(2)将"批发零售、餐饮业和其他"移入"线的表征",将"年份"移入"类别标签"。然后单击"确定"按钮即得到如图 15-14 所示的输出结果。

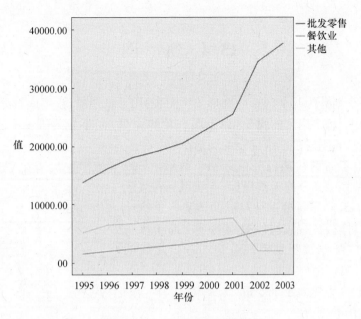

图 15 - 14 经营业的多线图

 15.3.3 垂直线图

下面仍以本节例 2 中的数据为例,作出批发零售业与餐饮业差的垂直线图。首先将数据录入到 SPSS 中,在图 15 - 11 的选项中,选中"垂直线图"。在"图表中的数据为"选项中,仍选中"个案值"。在图 15 - 12 的选项框中,将"批发零售业"与"餐饮业"移入"线的表征"框,将"年份"移入"类别标签"。然后单击"确定"按钮即可得到如图 15 - 15 所示的输出结果。

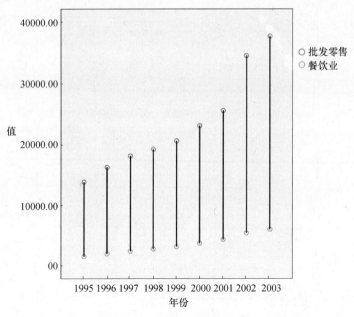

图 15 - 15 批发零售业与餐饮业的垂直线图

15.4 饼 图

饼图是一个划分为几个扇形的圆形统计图表,用于描述量、频率或百分比之间的相对关系。在饼图中,每个扇区的弧长(以及圆心角和面积)大小为其所表示的数量的比例。这些扇区合在一起刚好是一个完全的圆形。

例如,某电子商场在某日的鼠标销售数量共 399 件,其中鼠标销售中又分为无线鼠标、有线鼠标和蓝牙鼠标,在表 15-5 中分别对 3 种鼠标的销售量进行计数。当碰到这种既有产品总量、又有各项产品销售明细的时候,可以制作饼图来表现总量与分量之间的关系。

表 15-5 3 种鼠标的销售量

无线鼠标	有线鼠标	蓝牙鼠标
134	89	176

(1)在 SPSS 中建立 3 个变量"无线鼠标、有线鼠标、蓝牙鼠标",录入相应的数据。

(2)按"图形→旧对话框→饼图"的顺序打开"饼图"对话框,如图 15-16 所示。

SPSS 20.0 提供了 3 种不同的饼图模式,即个案分组模式、变量分组模式和个案分组模式。本例选择变量分组模式。然后单击"定义"按钮就会弹出如图 15-17 所示的"定义饼图:各个变量的摘要"对话框。

图 15-16 "饼图"对话框

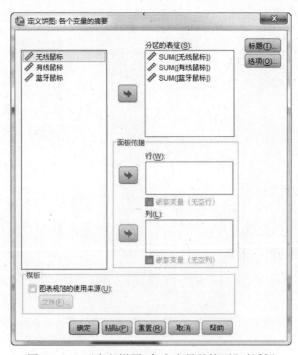

图 15-17 "定义饼图:各个变量的摘要"对话框

（3）在图 15-17 的对话框中，将"无线鼠标、有线鼠标、蓝牙鼠标"移入"分区的表征"框中。最后"确定"，即会得到如图 15-18 所示的饼图。

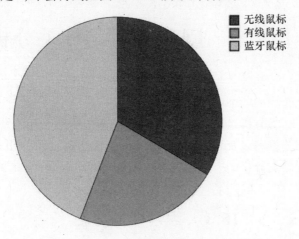

图 15-18　3 类鼠标构建的饼图

第十六章 回归分析与相关分析

回归分析是确定两个或两个以上变量间相互依赖的定量关系的一种统计分析方法，其运用十分广泛。而相关分析是研究现象之间是否存在某种依存关系，并对具体有依存关系的现象探讨其相关方向以及相关程度，是研究随机变量之间的相关关系的一种统计方法。本章主要讲解两类分析的一些相关案例的 SPSS 求解操作方法。

16.1 线性回归分析

例 1 某地区 8 家企业均生产甲产品，其月产量与生产费用数据如表 16-1 所示。已经知道月产量 y 与生产费用 x 之间有着密切的线性相关关系，请确定 y 与 x 之间的线性关系。

表 16-1 某地区 8 家企业甲产品生产情况表

企业编号	1	2	3	4	5	6	7	8
生产费用/万元	1.8	3.0	4.5	5.3	6.0	7.1	8.8	10.0
月产量/kt	15	34	50	75	72	91	110	108

解 由于随机变量 y 与 x 具有密切的线性相关关系，因此可以用下面的数学模型来描述它们之间的统计规律性：

$$y = b_0 + b_1 x + \varepsilon.$$

式中：c_0, c_1 为待确定的系数；ε 为由其他一切因素引起的误差。

首先将表 16-1 中的数据录入到 SPSS 中。

(1) 按"分析→回归→线性"的顺序打开如图 16-1 所示的"线性回归"对话框。

(2) 在线性回归对话框中，分别将"月产量"与"生产费用"移入"因变量"框与"自变量"框中。

(3) 在"方法"窗口中单击下拉箭头，从 5 个建立线性回归方程的方法中选一个。

(4) 单击"统计量"按钮，就会弹出如图 16-2 所示的"线性回归:统计量"对话框。

① 在"回归系数"选项组中，选择"估计"会输出回归系数及其标准误、标准化回归系数、回归系数的 t 估计值以及 t 的双侧显著性水平；选择"置信区间"需输入置信水平，默认值为 95%；选择"协方差矩阵"会输出回归系数的方差—协方差矩阵，其对角线为方差，对角线以外为协方差，同时还会输出相关系数矩阵，这一项一般在多元回归中使用。

② 选择"模型拟合度"会输出进入或从模型中剔除的变量以及拟合优度统计量、复相关系数 R、判断系数 R^2 及 R^2 修正值，估计值的标准误和方差分析表等。

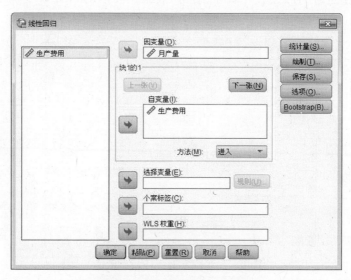

图 16-1 "线性回归"对话框

图 16-2 "线性回归:统计量"对话框

③ 选择"R 方变化"会输出引入或剔除一个变量而导致 R^2 的变化。R^2 改变量越大,表明该变量越可能是一个较理想的回归变量,它一般在多元回归中使用。

④ 选择"描述性"会输出变量的均值、标准离差、相关系数矩阵及单侧检验。

⑤ 选择"部分相关性和偏相关性"会输出零阶 Pearson 相关、偏相关和部分相关系数。

⑥ 选择"共线性诊断"会输出各变量的容忍度、方差膨胀因子和共线性的诊断表,一般在多元回归中使用。

(5) 在"残差"选项组中,选择"Durbin–Watson"会输出 DW 检验统计量。在"个案诊断"选项组中有 3 项,选择"离群值"会输出满足条件的个案离群值;在"标准差"框输入指定值后会输出满足条件的离群值;选择"所有个案"会输出所有个案的残差。

单击"继续"返回到如图 16-1 所示的对话框。

209

(6)在"线性回归"对话框中,单击"绘制"按钮就会弹出如图16-3所示的"线性回归:图"对话框。

图16-3 "线性回归:图"对话框

该对话框主要用于帮助分析数据的正态性、线性和方差相等的假设,还可以检测离群值、异常观察值和有影响的个案。

在左侧列表框列出了7个变量名:DEPENDNT(因变量)、*ZPRED(标准化预测值)、*ZERSID(标准化残差)、*DRESID(剔除残差)、*ADJPRED(调整预测值)、*SERSID(学生化残差)以及*SDRESID(学生化删除残差)。使用者可以从这个列表框中选择变量作为X(横轴变量)和Y(纵轴变量)绘制散点图。

"标准化残差图"选项用于设定是否输出标准化残差的直方图及其正态概率图(P-P图)。

单击"继续"返回到图16-1所示对话框。

(7)在"线性回归"对话框中,单击"保存"按钮就会弹出如图16-4所示的"线性回归:保存"对话框。

这个对话框主要用于保存回归分析过程中生成的部分或全部统计量,如残差、预测值等。

(8)在"线性回归"对话框中,单击"选项"按钮就会弹出如图16-5所示的"线性回归:选项"对话框。

在该项中主要是设置步进方法、回归方程中是否包括常数项以及缺失值的处理方式等。

单击"继续"按钮返回到图16-1所示对话框。

在图16-1所示的对话框中,单击"确定"按钮就会输出在各对话框中选择的输出项,本例中选择的4项结果输出如表16-2~表16-5所示。

表16-2 输入/移去的变量[①]

模型	输入的变量	移去的变量	方法
1	生产费用[②]	.	输入

① 因变量:月产量
② 已输入所有请求的变量

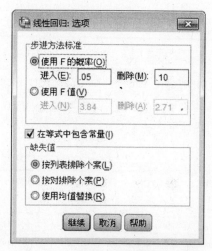

图 16-4 "线性回归:保存"对话框　　　　图 16-5 "线性回归:选项"对话框

表 16-3 模型汇总

模型	R	R 方	调整 R 方	标准估计的误差
1	.976[a]	.953	.945	8.055

a. 预测变量:(常量),生产费用

表 16-4 Anova[a]

模型		平方和	df	均方	F	Sig.
1	回归	7842.545	1	7842.545	120.862	.000[b]
	残差	389.330	6	64.888		
	总计	8231.875	7			

a. 因变量:月产量
b. 预测变量:(常量),生产费用

表 16-5 系数[a]

模型		非标准化系数		标准系数	t	Sig.
		B	标准误差	试用版		
1	(常量)	-.577	6.971		-.083	.937
	生产费用	12.035	1.095	.976	10.994	.000

a. 因变量:月产量

表 16-2 显示回归分析的方法以及变量被引入(或剔除)的信息。对于一元线性回归问题,只有一个变量,所以此表意义不大。

表 16-3 显示了模型的拟合优度情况。其中两变量的相关系数 $R=0.976$,决定系数为 $R^2=0.953$,调整的决定系数为 0.945。

表 16-4 显示所拟合的回归模型 F 值为 120.862,P 值为 0.000,因此拟合的模型是有统计学意义的。

从表 16-5 所示的数据可以看出:$b_0=-0.577$,$b_1=12.035$。从而所求的一元线性回归方程为

$$\hat{y}=12.035x-0.577$$

例 2 某企业为研究车工的平均工龄、平均文化程度和平均产量之间的变化关系,随机抽取了 8 个班组,测得数据如表 16-6 所示。试求平均产量对平均工龄、平均文化程度的线性回归方程。

表 16-6 相关数据资料计算表

班组序号	平均工龄/年	平均文化程度/年	平均产量/件	班组序号	平均工龄/年	平均文化程度/年	平均产量/件
1	7.1	11.1	15.4	5	8.7	9.6	19.5
2	6.8	10.8	15.0	6	6.6	9.0	13.1
3	9.2	12.4	22.8	7	10.3	10.5	24.9
4	11.4	10.9	27.8	8	10.6	12.4	26.2

解 这是一个简单的多元线性回归问题,设 x_1,x_2 分别表示平均工龄和平均文化程度,y 表示平均产量,则该问题数学模型为

$$y=b_0+b_1x_1+b_2x_2+\varepsilon$$

将表 16-6 中的数据录入到 SPSS 软件中,然后在图 16-1 所示的对话框中将"平均年龄"与"平均文化程度"移入到自变量框中,将"平均产量"移入因变量框中,其余的设置与本节例 1 相类似,会得到如表 16-7 所示的输出结果。

表 16-7 系数^a

模型		非标准化系数		标准系数	t	Sig.
		B	标准误差	试用版		
1	(常量)	-10.628	1.106		-9.607	.000
	平均年龄	2.858	.073	.942	39.388	.000
	平均文化程序	.549	.113	.116	4.868	.005

a.因变量:平均产量

根据表 16-7,所求的多元线性回归方程为

$$\hat{y}=2.858x_1+0.549x_2-10.628$$

16.2 曲线估计

例 1 全国1990—2002年人均消费支出与教育支出的统计数据如表16-8所示,试以人均消费性支出为因变量,教育支出作为自变量,拟合用一条合适的函数曲线。

表 16-8 人均消费支出与教育支出数据表

年份	人均消费性支出/元	教育支出/元	年份	人均消费性支出/元	教育支出/元
1990	1627.64	38.24	1997	7188.71	419.19
1991	1854.22	47.91	1998	7911.94	542.78
1992	2203.6	57.56	1999	7493.31	556.93
1993	3138.56	71.00	2000	7997.37	656.28
1994	4442.09	153.98	2001	9463.07	1091.85
1995	5565.68	194.62	2002	9396.45	1062.13
1996	6544.73	307.95			

解 本例是一个典型的曲线估计问题。事先未知哪一类函数曲线适用于表中数据。一般先作出数据的散点图。按"图形→旧对话框→散点/点图"的顺序打开如图16-6所示的"散点图/点图"对话框。

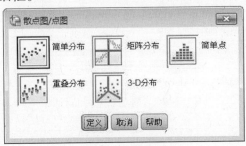

图 16-6 散点图/点状对话框

选择"简单分布",单击"定义"按钮会弹出如图16-7所示的"简单散点图"对话框。将"人均消费性支出"移入"Y轴"框,将"教育支出"移入"X轴"框,最后单击"确定"按钮,输出如图16-8所示的散点图。从散点图上点的分布可以看出,直线的拟合度不是很好,但可以看得出拟合度较好的应该是一条曲线。SPSS提供了多种函数曲线方程(线性函数除外),一般如下:

线性函数: $y = b_0 + b_1 x$;

二次函数: $y = b_0 + b_1 x + b_2 x^2$;

复合函数: $y = b_0 b_1^x$;

增长曲线: $y = e^{b_0 + b_1 x}$;

S 曲线: $y = e^{b_0 + \frac{b_1}{x}}$;

对数函数: $y = b_0 + b_1 \ln x$;

指数函数： $y = b_0 \mathrm{e}^{b_1 x}$；

三次多项式函数： $y = b_0 + b_1 x + b_2 x^2 + b_3 x^3$；

逆函数： $y = b_0 + \dfrac{b}{x}$；

幂函数： $y = b_0 x^{b_1}$；

逻辑曲线： $y = \left(\dfrac{1}{u} + b_0 b_1^x\right)^{-1}$。

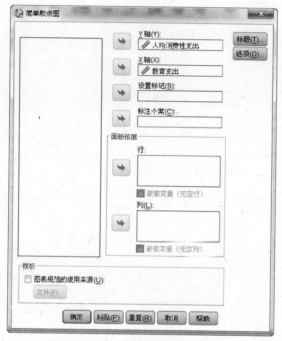

图16-7 "简单散点图"对话框

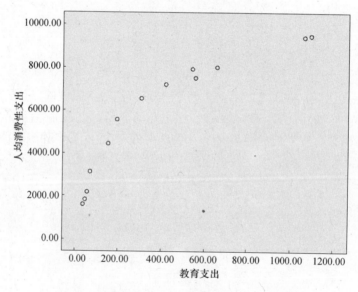

图16-8 教育支出与人均消费性支出的散点图

模型求解 按"分析→回归→曲线估计"的顺序打开如图 16-9 所示的"曲线估计"对话框。

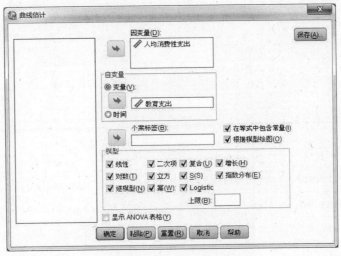

图 16-9 "曲线估计"对话框

将"人均消费性支出"移入因变量框,将"教育支出"移入变量框。按图 16-9 所示设置各项内容,然后单击"确定"按钮,输出如表 16-9～表 16-12 以及图 16-10 所示的结果。

表 16-9 模型描述

模型名称		MOD_5
因变量	1	人均消费性支出
方程	1	线性
	2	对数
	3	倒数
	4	二次
	5	三次
	6	复合[a]
	7	幂[a]
	8	S[a]
	9	增长[a]
	10	指数[a]
	11	Logistic[a]
自变量		教育支出
常数		包含
其值在图中标记为观测值的变量		未指定
用于在方程中输入项的容差		.0001
a. 该模型要求所有非缺失值为正数		

表 16-10 个案处理摘要

	N
个案总数	13
已排除的个案[a]	0
已预测的个案	0
新创建的个案	0
a. 从分析中排除任何变量中带有缺失值的个案。	

表 16-11 变量处理摘要

	变量	
	因变量	自变量
	教育支出	人均消费性支出
正值数	13	13
零的个数	0	0
负值数	0	0
缺失值数 用户自定义缺失	0	0
缺失值数 系统缺失	0	0

表 16-12 模型汇总和参数估计值

因变量：人均消费性支出

方程	模型汇总					参数估计值			
	R方	F	df1	df2	Sig.	常数	b1	b2	b3
线性	.836	56.029	1	11	.000	2942.248	7.034		
对数	.995	2086.351	1	11	.000	-7176.535	2368.779		
倒数	.869	72.712	1	11	.000	8156.597	-303686.242		
二次	.961	124.603	2	10	.000	1667.396	16.369	-.009	
三次	.993	433.202	3	9	.000	646.343	31.815	-.047	2.348E-005
复合	.678	23.210	1	11	.001	2804.086	1.001		
幂	.954	229.580	1	11	.000	293.345	.517		
S	.967	324.900	1	11	.000	9.068	-71.405		
增长	.678	23.210	1	11	.001	7.939	.001		
指数	.678	23.210	1	11	.001	2804.086	.001		
Logistic	.678	23.210	1	11	.001	.000	.999		

自变量为教育支出。

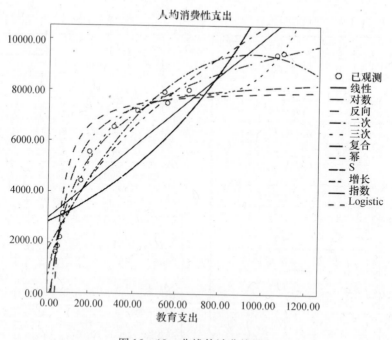

图 16-10 曲线估计曲线图

从表 16-12 中可以得到：对数函数的拟合优度最大，值为 0.995。同时 $p=0.000$。故对数曲线为最佳拟合曲线。对数函数的估计方程为

$$y = 2368.779\ln x - 7176.535$$

为了能够更加清晰、直观地观察曲线的拟合情形,在图 16-9 所示的对话框中的"模型"选项中仅选择对数,会有如表 16-13 和图 16-11 所示的结果输出。

表 16-13 模型汇总和参数估计值

因变量:人均消费性支出

方程	模型汇总					参数估计值	
	R方	F	df1	df2	Sig.	常数	b1
对数	.995	2086.351	1	11	.000	-7176.535	2368.779

自变量为教育支出。

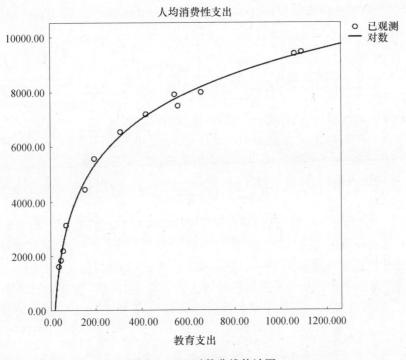

图 16-11 对数曲线估计图

16.3 相关分析

16.1 节和 16.2 节的案例主要研究的是现象之间存在着确定性的依存关系,称为函数关系。不过,有的现象之间存在着非确定性依存关系,称为相关关系。通常用相关系数表示相关关系的大小。若相关系数大于零,则称现象之间正相关;小于零为负相关;等于零为不相关。本节主要介绍如何利用 SPSS 计算相关系数。

例1 某个经营二手汽车的老板想要研究汽车的已使用时间(年)与销售价格(千美元)之间的关系。表 16-14 列出了汽车经销店去售出的 12 辆汽车的样本信息。

表16-14 12辆二手汽车的样本信息

汽车	已使用时间	价格	汽车	已使用时间	价格
1	9	8.1	7	8	7.6
2	7	6.0	8	11	8.0
3	11	3.6	9	10	8.0
4	12	4.0	10	12	6.0
5	8	5.0	11	6	8.6
6	7	10.0	12	6	8.0

解 本例要探讨的是两个现象之间的相关关系的计算。设 $(x_i, y_i)(i=1,2,\cdots,12)$ 表示12辆二手汽车的样本信息的样本点,则"已使用时间"与"价格"的 Pearson 相关系数计算公式为

$$r = \frac{\sum_{i=1}^{12}(x_i - x)(y_i - y)}{(n-1)S_X S_Y}$$

式中:S_X,S_Y 分别为数据"已使用时间"与"价格"的标准差。

当然还有一些其他相关系数计算公式(如 Kendall 相关系数与 Spearman 相关系数等),只不过 Pearson 相关系数被应用的频率较高而已。

在 SPSS 中录入数据后,按"分析→相关→双变量"的顺序打开"双变量相关"对话框,如图 16-12 所示。

在"双变量"对话框中,将"已使用时间""价格"移入"变量"框;在"相关系数"选项组中选择3个相关系数选项;"显著性检验"中选择"双侧检验"并选择"标记显著性相关"。单击"选项"按钮就会弹出如图 16-13 所示的"双变量相关性:选项"对话框,在这一项中可以设置需要输出的统计量与缺失值的处理方式。单击"继续"按钮会返回图 16-12 所示的对话框,然后单击"确定"按钮就会得到如表 16-15 和表 16-16 所示的输出结果。

图 16-12 "双变量相关"对话框

图 16-13 "双变量相关性:选项"对话框

表 16-15 相关性

已使用时间		价格
已使用时间	Pearson 相关性	1	-.544
	显著性(双侧)		.068
	N	12	12
价格	Pearson 相关性	-.544	1
	显著性(双侧)	.068	
	N	12	12

表 16-16 相关系数

			已使用时间	价格
Kendall 的 tau_b	已使用时间	相关系数	1.000	-.407
		Sig.(双侧)	.	.080
		N	12	12
	价格	相关系数	-.407	1.000
		Sig.(双侧)	.080	.
		N	12	12
Spearman 的 rho	已使用时间	相关系数	1.000	-.548
		Sig.(双侧)	.	.065
		N	12	12
	价格	相关系数	-.548	1.000
		Sig.(双侧)	.065	.
		N	12	12

由表 16-15 中可知:Pearson 相关系数为 -0.544,但 $P=0.08>0.05$,故"已使用时间"与"价格"无统计学意义。在表 16-15 中可以得到 Kendall 相关系数为 -0.407,Spearman 相关系数为 -0.548,但也均无统计学意义。

例2 某地 29 名 13 岁男童身高(cm)、体重(kg)和肺活量(ml)的数据如表 16-17 所示,试对该资料作控制体重影响作用的身高与肺活量相关分析。

表 16-17 29 名男童的身高、体重与肺活量的相关数据

编号	身高	体重	肺活量	编号	身高	体重	肺活量
1	135.1	32.0	1750	16	153.0	47.2	1750
2	139.9	30.4	2000	17	147.6	40.5	2000
3	163.6	46.2	2750	18	157.5	43.3	2250
4	146.5	33.5	2500	19	155.1	44.7	2750
5	156.2	37.1	2750	20	160.5	37.5	2000
6	156.4	35.5	2000	21	143.0	31.5	1750
7	167.8	41.5	2750	22	149.4	33.9	2250
8	149.7	31.0	1500	23	160.8	40.4	2750
9	145.0	33.0	2500	24	159.0	38.5	2500

(续)

编号	身高	体重	肺活量	编号	身高	体重	肺活量
10	148.5	37.2	2250	25	158.2	37.5	2000
11	165.5	49.5	3000	26	150.0	36.0	1750
12	135.0	27.6	1250	27	144.5	34.7	2250
13	153.3	41.0	2750	28	154.6	39.5	2500
14	152.0	32.0	1750	29	156.5	32.0	1750
15	160.5	47.2	2250				

解 本例是一个典型的偏相关分析问题。所谓偏相关分析是指当两个变量同时与第3个变量相关时,将第3个变量的影响剔除,只分析另外两个变量之间的相关程度。设 x, y, z 表示3个变量,则 x, y 之间的偏相关系数为

$$r_{xy(z)} = \frac{r_{xy} - r_{xz} r_{yz}}{\sqrt{1 - (r_{xz})^2} \sqrt{1 - (r_{yz})^2}}$$

按"分析→相关→偏相关"的顺序打开"偏相关"对话框,如图 16 - 14 所示。将"身高"与"体重"移入"变量"框,将"肺活量"移入"控制框",其他的设置同例 1,输出结果如表 16 - 18 所示。

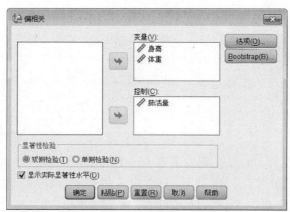

图 16 - 14 "偏相关"对话框

表 16 - 18 相关性

控制变量			身高	体重
肺活量	身高	相关性	1.000	.562
		显著性(双侧)	.	.002
		df	0	26
	体重	相关性	.562	1.000
		显著性(双侧)	.002	.
		df	26	0

从表 16 - 16 可知:身高与体重的偏相关系数为 $r = 0.562, P = 0.002 < 0.05$,这个偏相关系数具有统计学意义。

第十七章 均值比较与方差分析

统计分析经常采取抽样研究的方法,即从总体中随机抽取一定数量的样本进行研究来推断总体的特性。经常遇到这样的问题:要对抽取的样本按照某个类别分别计算相应的常见统计量,如平均数、标准差等,并且检验这个统计量是否具有统计学意义。本章的均值比较及方差分析就是利用 SPSS 软件解决这类问题的使用分析过程。

17.1 均值比较

均值比较主要包括单样本 t 检验、独立样本 t 检验和两配对样本 t 检验。

17.1.1 单样本 t 检验

单样本 t 检验就是利用来自总体的样本数据,推断该总体的均值与指定的检验值之间的差异在统计上是否是显著的。它是对总体均值的假设检验。

例1 某糖厂自动打包机包装,每包标准质量为 100kg。每天需要检验一次打包机包装是否正常。某日在打包机工作时,随机测得 9 包质量如下:

98.3 100.5 102.1 99.5 101.2 99.7 100.5 98.7 99.3

已知包重服从正态分布,试检验该日打包机的工作是否正常($\alpha = 0.05$)。

解 设 $\bar{X}$ 为样本均值,μ_0 为待检验的均值,$S^2 = \dfrac{1}{n-1}\sum_{i=1}^{n}(X_i - \bar{X})^2$ 为样本方差,则总体均值的检验量为

$$T = \frac{\bar{X} - \mu_0}{S/\sqrt{n}}$$

首先将数据录入 SPSS 中,变量名为"质量"。然后按"分析→比较均值→单样本 T 检验"的顺序打开,如图 17-1 所示。将"质量"移入"检验变量"框;在"检验值"框输入"100"。单击"选项"按钮,会弹出如图 17-2 所示的"单样本 T 检验:选项"对话框。在这个对话框中,需要设置"信区间百分比",一般设置值为 95%。同时需要设置"缺失值"的处理方式。

单击"继续"按钮返回图 17-1 所示的对话框,然后单击"确定"按钮就会输出如表 17-1 和表 17-2 所示的结果。

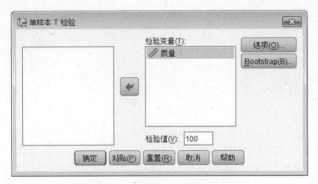

图17-1 "单样本 t 检验"对话框

图17-2 "单样本 t 检验：
选项"对话框

表17-1 单个样本统计量

	N	均值	标准差	均值的标准误
质量	9	99.9778	1.21221	.40407

表17-2 单个样本检验

	检验值 = 100					
	t	df	Sig.（双侧）	均值差值	差分的95%置信区间	
					下限	上限
质量	-.055	8	.957	-.02222	-.9540	.9096

从表17-2可以看出，t 检验的 p 值是0.957，大于显著性水平0.05，因此可以认为打包机的工作是正常的。

17.1.2 两独立样本 t 检验

两独立样本 t 检验就是利用来自两个总体的独立样本，推断两个总体的均值是否存在显著差异。

例2 Florida 想知道护士和中小学教师的周工资是否有显著性差异。为了研究这个问题，他收集了一些护士和中小学教师上周的工资信息（美元）如下所示。

中小学教师：845 826 827 875 784 809 802 820 829 830 842 832

护士：841 890 821 771 850 859 825 829

解 这是两个独立样本需进行均值比较的例子。设 X, Y 分别为两个样本的均值，S_X, S_Y 分别为两个样本的方差，m, n 分别为两个样本的容量。进行两个独立样本进行均值比较时，根据方差齐与不齐两种情况，应用不同的统计量进行检验。

方差不相等时，统计量为

$$T = \frac{\bar{X} - \bar{Y}}{\sqrt{\dfrac{S_X^2}{m} + \dfrac{S_Y^2}{n}}}$$

方差相等时,采用的统计量为

$$T = \frac{\overline{X} - \overline{Y}}{\sqrt{\frac{(m-1)S_X^2 + (n-1)S_Y^2}{m+n-2}} \sqrt{\frac{1}{m} + \frac{1}{n}}}$$

在 SPSS 中建立两个变量:工资与职业。在变量"职业"中用 1 代表中小学教师,用 2 代表护士。按"分析→均值比较→配对样本 T 检验",打开如图 17 - 3 所示的"独立样本 T 检验"对话框。

"选项"按钮中的内容与例 1 一致。

将"工资"移入"检验变量"框,将"职业"移入"分组变量"框,然后单击"定义组"按钮就会弹出如图 17 - 4 所示的"定义组"对话框。

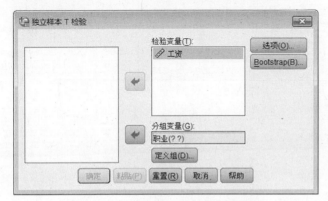

图 17 - 3 "独立样本 T 检验"对话框

图 17 - 4 "定义组"对话框

在"定义组"对话框中,将职业代码分别输入"组 1"框与"组 2"框中,然后单击"继续"按钮会返回到图 17 - 3 所示的对话框。单击"确定"按钮就会得到表 17 - 3 与表 17 - 4 所示的结果。

表 17 - 3 组统计量

	职业	N	均值	标准差	均值的标准误
工资	1	12	826.7500	22.83986	6.59330
	2	8	835.7500	34.40411	12.16369

表 17 - 4 独立样本检验

		方差方程的 Levene 检验		均值方程的 t 检验						
		F	Sig.	t	df	Sig.(双侧)	均值差值	标准误差值	差分的 95% 置信区间	
									下限	上限
工资	假设方差相等	1.035	.322	-.706	18	.489	-9.00000	12.74017	-35.76610	17.76610
	假设方差不相等			-.650	11.108	.529	-9.00000	13.83571	-39.41628	21.41628

从表 17-4 可知,无论方差相等与否,其 p 值均大于 0.05,故中小学教师与护士的工资无显著性差异。

17.1.3 两配对样本 t 检验

两配本样本 t 检验就是利用来自两个总体的配对样本推断总体的均值是否存在显著差异。

例 3 Nickel Savings and Loan 想比较他们雇用的评估不动产价值的两家公司。Nickel Saving 随机抽取 10 套住宅作为样本,得到两家公司的评估结果如表 17-5 所示(千美元)。在 0.05 的显著性水平下,能认为两家公司对住宅的平均评估值之间存在差异吗?

表 17-5 两家公司对 10 套住宅给出的评估值

住宅	1	2	3	4	5	6	7	8	9	10
Schade 的评估值	235	210	231	242	205	230	231	210	225	249
Bowyer 的评估值	228	205	219	240	198	223	227	215	222	245

解 设 $\overline{X}, \overline{Y}$ 分别表示两个样本的样本均值,n 为样本的容量,S 为 $X_i - Y_i$ ($i = 1, 2, \cdots, 10$) 的样本方差,则配对样本 t 检验的统计量为

$$T = \frac{(\overline{X} - \overline{Y})}{S/\sqrt{n}}.$$

首先将数据录入到 SPSS 中,然后按然后按"分析→比较均值→配对样本 T 检验"的顺序打开,如图 17-5 所示。将"Shade"与"Bowyer"移入"成对变量"框。在"选项"中设置"置信区间百分比"与"缺失值"处理方式。最后单击图 17-5 中的"确定"按钮即可得到如表 17-6 ~ 表 17-8 所示的输出结果。

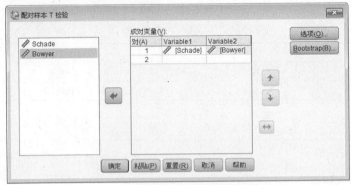

图 17-5 配对样本 T 检验对话框

表 17-6 成对样本统计量

		均值	N	标准差	均值的标准误
对 1	Schade	226.80	10	14.451	4.570
	Bowyer	222.20	10	14.289	4.519

表 17-7 成对样本相关系数

		N	相关系数	Sig.
对 1	Schade & Bowyer	10	.953	.000

表 17-8 成对样本检验

		成对差分					t	df	Sig.（双侧）
		均值	标准差	均值的标准误	差分的95%置信区间				
					下限	上限			
对 1	Schade - Bowyer	4.600	4.402	1.392	1.451	7.749	3.305	9	.009

从表中可以可知：t 检验的 p 值为 0.009，小于显著性水平 0.05，故两家公司的评估值有显著性差异。

17.2 方差分析

t 检验法适用于样本平均数与总体平均数以及两个样本平均数间的差异显著性检验，但在生产和科学研究中经常会遇到比较多个处理优劣的问题，即需进行多个平均数间的差异显著性检验。处理这一类问题的方法在统计学上称为方差分析。

17.2.1 单因素方差分析

单因素方差分析用于分析单个控制因素取不同水平时因变量的均值是否存在显著性差异。

例 1 一家牛奶公司有 4 台机器装填牛奶，每桶的容量为 4L。下面是从 4 台机器中抽取的装填量的样本数据（见表 17-9）：

取显著性水平 $\alpha = 0.01$，检验不同机器对装填量是否有显著影响。

解 设 4 台机器的影响效应分别为 $\alpha_1, \alpha_2, \alpha_3, \alpha_4$。

提出假设：$H_0: \alpha_1 = \alpha_2 = \alpha_3 = \alpha_4 = 0$；$H_1: \alpha_1, \alpha_2, \alpha_3, \alpha_4$ 至少有一个不为 0。

表 17-9 四台机器中抽取的样本数据（L）

机器1	机器2	机器3	机器4
4.05	3.99	3.97	4.00
4.01	4.02	3.98	4.02
4.02	4.01	3.97	3.99
4.04	3.99	3.95	4.01
	4.00	4.00	
	4.00		

在 SPSS 中建立装填量与机器号两个变量，并输入装填量与对应的机器号。按"分析→均值比较→单因素 ANVON"的顺序打开"单因素方差分析"对话框，如图 17-6 所示。将"装填量"移入"因变量列表框"，将"机器号"移入"因子"框。单击"对比"按钮就会弹出如图 17-7 所示的"单因素方差分析：对比"对话框。

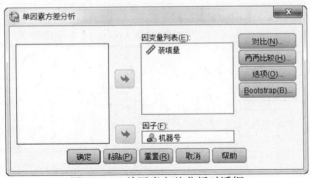
图 17-6 单因素方差分析对话框

图 17-7 "单因素方差分析：对比"对话框

在图 17-7 所示的对话框中有多项式与系数两项。"多项式"复选框的作用是用于对组间平方和划分成趋势成分。若被选中,则需在"度"下拉框中指定多项式的形式,如"线性""二次项""立方"等。"系数"输入框用于对组间平均数进行比较设定,即指定用 T 统计量检验的先验对比。

单击"两两比较"按钮会弹出如图 17-8 所示的"单因素 ANOVA：两两比较"对话框。

在图 17-8 所示的对话框中:"假定方差齐性"选项组主要用于假设方差齐性下进行两两范围检验和成对多重比较,共有 14 种检验方法,比较常用的是 Bonferroni、Tukey 和 Scheffe 方法;"未假定方差齐性"选项组主要用于在未假定方差齐性下进行两两范围检验和成对多重比较,共有 4 种方法;"显著性水平"输入框主要用于设置显著性水平,系统默认为 0.05,本例中需输入 0.01。

在"单因素方差分析"对话框中,单击"选项"按钮,可弹出如图 17-9 所示的"单因素 ANOVN：选项"对话框,在这个对话框中可设置输出的统计量、均值图的输出以及缺失值的处理方式。

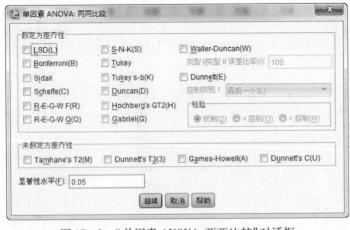
图 17-8 "单因素 ANOVA：两两比较"对话框

图 17-9 单因素 ANOVA：选项对话框

最后,单击"单因素方差分析"对话框中的"确定"按钮,就会得到如表 17-10 所示的输出结果。

表 17-10 单因素方差分析

装填量

	平方和	df	均方	F	显著性
组间	.007	3	.002	10.098	.001
组内	.004	15	.000		
总数	.011	18			

从表 17-10 可知:$p=0.001<\alpha=0.01$,拒绝原假设。表明不同机器的平均装填量之间有显著差异。

17.2.2 双因素方差分析

双因素方差分析用于分析两个控制变量影响下的样本之间的均值是否存在显著性差异。

例2 考察合成纤维中对纤维弹性有影响的两个因素:收缩率 A 和总拉伸倍数 B。A 和 B 各取 4 种水平,每种组合水平重复试验两次,数据如表 17-11 所示。

表 17-11 A 与 B 水平组合对纤维弹性影响数据

因素 A \ 因素 B	B_1	B_2	B_3	B_4
A_1	71,73	72,73	75,73	77,75
A_2	73,75	76,74	78,77	74,74
A_3	76,73	79,77	74,75	74,73
A_4	75,73	73,72	70,71	69,69

试问收缩率和总拉伸倍数分别对纤维弹性有无显著影响?收缩率与总拉伸倍数之间的交互作用是否影显著($\alpha=0.05$)?

解 设不同收缩率对纤维弹性的影响分别为 $\alpha_1,\alpha_2,\alpha_3,\alpha_4$。

提出假设:$H_0:\alpha_1=\alpha_2=\alpha_3=\alpha_4=0;H_1:\alpha_1,\alpha_2,\alpha_3,\alpha_4$ 至少一个不为 0。

设不同总拉伸倍数的影响效应分别为 $\beta_1,\beta_2,\beta_3,\beta_4$。

提出假设:$H_0:\beta_1=\beta_2=\beta_3=\beta_4=0;H_1:\beta_1,\beta_2,\beta_3,\beta_4$ 至少一个不为 0。

在 SPSS 中,设置 3 个变量"纤维弹性""收缩率"与"总拉伸倍数",按"分析→一般线性模型→单变量"的顺序打开"单变量"对话框。将"纤维弹性"移入"因变量"框;将"收缩率"与"拉伸倍数"移入"固定因子"框。"随机因子"框中的变量为随机控制变量,用来分组。"协变量"框中的变量是与因变量相关的定量变量,用来控制与因子变量有关且影响方差分析的目标变量的其他干扰因素。"WLS 权重"框中的变量为加权最小二乘法指定权重变量。

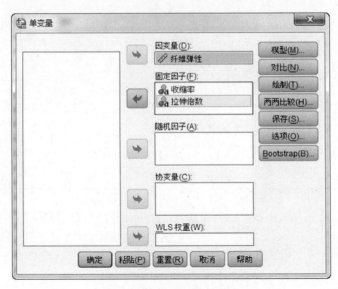

图 17-10 单变量对话框

在单变量对话框见图 17-10 的右侧有 6 个按钮,分别对应 6 个对话框。"模型"对话框主要用来设置全因子模型或用户自定义的方差分析模型;"对比"对话框主用来设置因子均数比较方法;"绘制"对话框用来设置均值轮廓图;"两两比较"对话框与单因素方差分析的基本相同;"保存"对话框用来设置将所计算的预测值、残差和检测值作为新变量保存在编辑的数据文件中;"选项"对话框用来对输出项进行选择。最后,单击"确定"就会输出如表 17-12 所示的结果。

表 17-12 主体间效应的检验

因变量:纤维弹性

源	Ⅲ型平方和	df	均方	F	Sig.
校正模型	158.719[a]	15	10.581	7.874	.000
截距	174492.781	1	174492.781	129855.093	.000
收缩率	70.594	3	23.531	17.512	.000
拉伸倍数	8.594	3	2.865	2.132	.136
收缩率 * 拉伸倍数	79.531	9	8.837	6.576	.001
误差	21.500	16	1.344		
总计	174673.000	32			
校正的总计	180.219	31			

a. R 方 = .881(调整 R 方 = .769)

从表 17-11 中数据可知:收缩率因素的 $p=0.000<\alpha=0.05$,拒绝原假设,表明收缩率对纤维弹性有显著影响;而拉伸倍数因素的 $p=0.136>\alpha=0.05$,从而拉伸倍数对纤维弹性无显著性影响;收缩率与拉伸倍数的 $p=0.001<0.05$,表明收缩率与拉伸倍数的交互作用对纤维弹性有显著性影响。

第十八章 聚类分析

聚类分析就是按照相似性把对象进行分类的一种分类方法。在统计学中,根据变量对所观察样本进行分类的聚类方法称为样本聚类(或 Q 聚类);根据样本对多个变量进行分类的聚类方法称为变量聚类(或 R 聚类)。

例1 表 18-1 是摘自《世界竞争力报告——1997》关于 20 个国家和地区的信息基础设施发展状况数据,各变量的含义为:call——每千人拥有电话线数;movecall——每千户居民蜂窝移动电话数;fee——高峰时期每 3min 国际电话的成本;computer——每千人拥有的计算机数;mips——每千人中计算机的功率;net——每千人互联网络户主数。请根据该数据对这些国家和地区进行分层聚类分析。

表 18-1 20 个国家和地区的信息基础设施发展状况数据

国家或地区	call	movecall	fee	computer	mips	net
美国	631.6	161.9	0.36	403	26073	35.34
日本	498.4	143.2	3.57	176	10223	6.26
德国	557.6	70.6	2.18	199	11571	9.48
瑞典	684.1	281.8	1.4	286	16660	29.39
瑞士	644	93.5	1.98	234	13621	22.68
丹麦	620.3	248.6	2.56	296	17210	21.84
新加坡	498.4	147.5	2.5	284	13578	13.49
中国台湾	469.4	56.1	3.68	119	6911	1.72
韩国	434.5	73	3.36	99	5795	1.66
巴西	81.9	16.3	3.02	19	876	0.52
智利	138.6	8.2	1.4	31	1411	1.28
墨西哥	92.2	9.8	2.61	31	1751	0.35
俄罗斯	174.9	5	5.12	24	1101	0.48
波兰	169	6.5	3.68	40	1796	1.45
匈牙利	262.2	49.4	2.66	68	3067	3.09
马来西亚	195.5	88.4	4.19	53	2734	1.25
泰国	78.6	27.8	4.95	22	1662	0.11
印度	13.6	0.3	6.28	2	101	0.01
法国	559.1	42.9	1.27	201	11702	4.76
英国	521.1	122.5	0.98	248	14461	11.91

解 这是一个样本聚类的例子。录入数据后,按"分析→分类→系统聚类"的顺序打开"系统聚类分析"对话框,如图 18-1 所示。

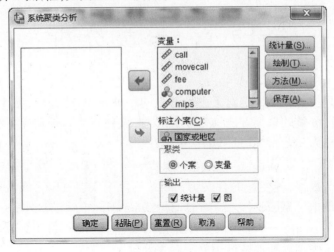

图 18-1 "系统聚类分析"对话框

将"国家或地区"移入"标注个案"框,其余变量移入"变量"框。在"聚类"选项组中选择"个案";在输出选项组选择要输出的项。本例中两项均作了选择。单击"统计量"按钮,就会弹出如图 18-2 所示的"系统聚类分析:统计量"对话框。

在如图 18-2 所示的对话框中,"合并进程表"用于输出聚类过程中每一步样本或变量的合并情况;"相似性矩阵"用于显示不同个案之间的距离矩阵;"聚类成员"选项组用于设置聚类成员所属分类的输出。

单击"继续"按钮返回到图 18-1 所示的对话框。单击"绘制"按钮弹出如图 18-3 所示的"系统聚类分析:图"对话框。

图 18-2 "系统聚类分析:统计量"对话框

图 18-3 "系统聚类分析:图"对话框

在"系统聚类分析:图"对话框中可以设置聚类图的类型及其方向。这里选择了树状图,方向垂直。单击"继续"按钮返回,单击"方法"按钮弹出如图18-4所示的"系统聚类分析:方法"对话框。

在这个对话框中可以设置聚类分析的相关方法。设置完成之后,"继续"返回,单击"保存"按钮,弹出如图18-5所示的"系统聚类分析:保存"对话框。

图18-4 系统聚类分析:方法对话框

图18-5 "系统聚类分析:保存"对话框

该对话框主要用于聚类信息的保存设置。单击"继续"按钮返回,单击"确定"按钮将会得到如表18-2、表18-3、图18-6、图18-7所示的一些输出结果。

表18-2 案例处理汇总[a,b]

案例					
有效		缺失		总计	
N	百分比	N	百分比	N	百分比
20	100.0	0	.0	20	100.0

a. 平方Euclidean距离已使用
b. 平均联结(组之间)

表18-3 聚类表

阶	群集组合		系数	首次出现阶群集		下一阶
	群集1	群集2		群集1	群集2	
1	12	14	8017.485	0	0	2
2	12	17	17712.876	1	0	6
3	3	19	17957.647	0	0	13
4	5	7	28549.087	0	0	10

（续）

阶	群集组合		系数	首次出现阶群集		下一阶
	群集1	群集2		群集1	群集2	
5	10	13	59431.102	0	0	9
6	11	12	111358.753	0	2	9
7	15	16	117089.616	0	0	14
8	4	6	307831.028	0	0	16
9	10	11	482849.481	5	6	12
10	5	20	751994.250	4	0	15
11	8	9	1247359.726	0	0	17
12	10	18	1905902.870	9	0	14
13	2	3	2014119.410	0	3	15
14	10	15	3118708.117	12	7	17
15	2	5	8031137.994	13	10	16
16	2	4	21721099.708	15	8	18
17	8	10	23641782.327	11	14	18
18	2	8	133944594.940	16	17	19
19	1	2	392419834.667	0	18	0

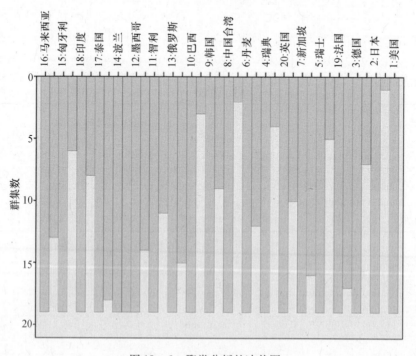

图18-6 聚类分析的冰状图

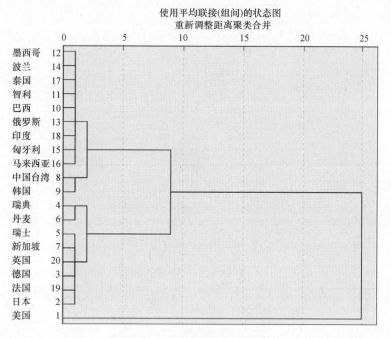

图 18-7 样本聚类的树状图

从图 18-7 可知,这 20 个国家或地区分为两类比较适宜。第一类为墨西哥、波兰、泰国、智利、巴西、俄罗斯、印度、匈牙利、马来西亚和中国台湾;第二类为韩国、瑞典、丹麦、瑞士、新加坡、英国、德国、法国、日本和美国。

例2 表 18-4 是 10 名学生 4 门课程的考试成绩。请用聚类分析的方法分析哪些课程是属于一类的。

表 18-4 10 名学生的四门课程考试成绩

学生	数学	物理	语文	政治
高兴	99	98	78	80
梅贺名	88	89	89	90
紫风	79	80	95	97
紫岚	89	78	81	82
张晓莉	75	78	95	96
袁昊	60	65	85	88
白利梅	79	87	50	51
洪俊兴	75	76	88	89
李晓娜	60	56	89	90
田小米	100	100	85	84

解 首选按"分析→分类→系统聚类"的顺序打开如图 18-8 所示的"系统聚类分析"对话框。

将变量"数学、物理、语文、政治"移入"变量"框中;在聚类选项组中选择"变量"。其他设置与例1基本相同,这里不再叙述,结果如表 18-5 和图 18-9 所示。

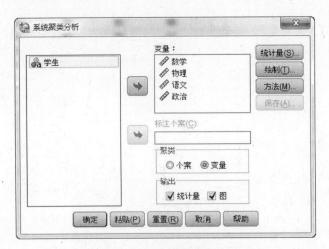

图18-8 系统聚类分析对话框

表18-5 聚类表

阶	群集组合		系数	首次出现阶群集		下一阶
	群集1	群集2		群集1	群集2	
1	3	4	24.000	0	0	3
2	1	2	239.000	0	0	3
3	1	3	4118.000	2	1	0

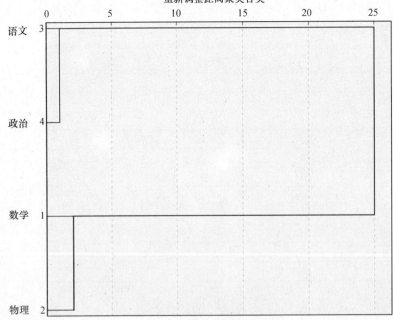

图18-9 变量聚类的树状图

从树状图上可以得到结论:语文与政治可以合为一类,数学与物理可以合为一类。

234

参考文献

[1] 邓维斌,唐兴艳,胡大权,等.SPSS统计分析实用教程[M].北京:电子工业出版社,2012.
[2] 李志辉,罗平,刘久敏,等.PASW/SPSS Statistics中文版统计分析教程[M].3版.北京:电子工业出版社,2010.
[3] 苏金明.统计软件SPSS 12.0 for Windows应用及开发指南[M].北京:电子工业出版社,2004.
[4] 卢纹岱.SPSS for Windows统计分析[M].2版.北京:电子工业出版社,2002.
[5] 宇传华.SPSS与统计分析[M].北京:电子工业出版社,2007.
[6] 林杰斌,刘明德.SPSS 11.0与统计模型构建[M].北京:清华大学出版社,2004.
[7] 王璐,王沁,等.SPSS统计分析基础、应用与实战精粹[M].北京:化学工业出版社,2012.
[8] 谢家发,徐春辉,姜丽娟.统计分析方法:应用及案例[M].北京:中国统计出版社,2004.
[9] 薛薇.SPSS统计分析方法及应用[M].2版.北京:电子工业出版社,2009.
[10] 李志辉,罗平,洪楠等.SPSS for Windows统计分析教程[M].2版.北京:电子工业出版社,2004.
[11] 陈胜可.SPSS统计分析从入门到精通[M].2版.北京:清华大学出版社,2013.
[12] 贾俊平.统计学[M].4版.北京:中国人民大学出版社,2011.
[13] 杜家龙,罗洪群,周晶,等.统计学[M].北京:电子工业出版社,2011.
[14] 吴杨,王涛.统计学[M].北京:经济科学出版社,2010.
[15] 徐建中,朱建新.应用统计学[M].哈尔滨:哈尔滨工程大学出版社,2004.
[16] 王莹,徐颖,王军.经济统计学[M].2版.北京:机械工业出版社,2009.
[17] 曹慧.统计学——基于SPSS的应用[M].北京:北京大学出版社,2013.
[18] 孙文生.统计学原理[M].中国农业出版社,2012.
[19] 李金昌,苏为华.统计学[M].北京:机械工业出版社,2011.
[20] 徐静霞.统计学原理与实务[M].北京:北京大学出版社,2012.
[21] 韩宇,韩春玲.统计学原理[M].北京:北京大学出版社,2012.
[22] (美)林德,马夏尔,沃森.商务与经济统计学[M].王维国,译.大连:东北财经大学出版社,2008.